LANMEI ZAIPEI

SHIYONG

JISHU

蓝莓栽培实用技术

杨芩 付燕 张婷婷 主编

彭舒 邓洁 刘雅兰 副主编

U0381820

化学工业出版社
·北京·

内容简介

蓝莓是风靡世界的第3代水果中的佼佼者,其国内外市场需求极大,具有极高的经济价值,是我国调整优化经济林结构、提升果品产业层次选择的果品之一。我国蓝莓栽培历史较短,目前正处于快速发展期,栽培管理技术急需普及和提高。本书主要介绍蓝莓栽培种植与管理要点,包括蓝莓种植的环境条件及良种选择、建园技术、生物学特性、树体管理、病虫害防治、采收与贮藏等。本书注重蓝莓生产难题和果品安全问题的解决,符合现代社会的消费需求,同时整合了相关技术和本团队的最新科研成果,实用性强。

本书紧密结合生产实际,可供广大果农、技术人员以及农业院校师生阅读。

图书在版编目(CIP)数据

蓝莓栽培实用技术 / 杨芩,付燕,张婷淳主编. —
北京:化学工业出版社,2021.1(2024.6重印)
ISBN 978-7-122-38020-3

Ⅰ.①蓝… Ⅱ.①杨… ②付… ③张… Ⅲ.①浆果类
果树-果树园艺 Ⅳ.①S663.2

中国版本图书馆 CIP 数据核字(2020)第 233567 号

责任编辑:张 蕾		文字编辑:李娇娇 陈小滔	
责任校对:张雨彤		装帧设计:史利平	

出版发行:化学工业出版社(北京市东城区青年湖南街13号 邮政编码100011)
印 装:北京机工印刷厂有限公司
710mm×1000mm 1/16 印张9½ 字数166千字 2024年6月北京第1版第5次印刷

购书咨询:010-64518888   售后服务:010-64518899
网 址:http://www.cip.com.cn
凡购买本书,如有缺损质量问题,本社销售中心负责调换。

定 价:48.00元
版权所有 违者必究

前　言

　　蓝莓（blueberry）又称越橘、蓝浆果，为杜鹃花科（Ericaceae）越橘属（Vaccinium）多年生落叶或常绿灌木，其果实富含花青苷，低糖、低脂肪，抗氧化能力强，被国际粮农组织列为人类五大健康食品之一；同时蓝莓又以其果实风味独特、营养保健功能强，被列为世界第3代水果。随着社会、经济的发展，人类生活水平的不断提高，蓝莓不仅作为一种美味的水果，而且作为一种保健和功能食品，引起了全球食品及果树界的关注和重视。经过近百年的发展，蓝莓已成为世界性小浆果，目前蓝莓栽培遍及全球，形成了北美洲、南美洲、欧洲、地中海与北非、撒哈拉以南非洲、亚洲与太平洋地区（亚太地区）等六大产区，超过58个国家开展蓝莓的栽培生产。

　　中国作为亚洲蓝莓的主要栽培国，全国北起黑龙江，南至海南，东起渤海之滨，西至西藏高原，有27个省、直辖市、自治区进行规模化的种植。到2017年，贵州省蓝莓栽培面积达到了13000hm²，为全国第一，产量达到了30000t，跃居全国第1位。中国是一个有14亿人口的大国，随着2020年全面小康社会的建成，国内对蓝莓优质果品的需求基数将更加庞大，蓝莓市场消费潜力巨大，发展前景良好。然而，当前高品质蓝莓果品的供给已不能满足人民对美好生活的需要，因此以蓝莓果品安全为核心，以生产高品质蓝莓果品为目的，加强蓝莓无公害、绿色和有机果品的栽培生产对提升蓝莓果品质量，推动蓝莓产业可持续发展具有重要的现实意义。

　　然而，蓝莓根系分布范围较浅，主根不发达，以须根为主，须根像头发丝一样非常细弱，无根毛结构。与其他果树相比，生产栽培对土壤 pH、有机质和土壤结构的要求更为严苛，蓝莓要求在肥沃、疏松、透气性好、排水良好、有机质含量 8%~12%、pH 4.0~5.5 的土壤中才能生长良好，因此生产栽培中均需对土壤进行 pH 改良。目前，施用硫黄粉是蓝莓栽培生产中使用最广的改良方法，但其为化工产品，很难满足无公害、绿色和有机果品生产的需求。此外，当前蓝莓的生产栽培以露地垄式或箱式栽培为主，存在改土面积过大、绿色和有机栽培改土难以实现、肥水管理效率不高等问题，增加了成本投入，目前急需开展蓝莓无公害、绿色和有机栽培的新模式探索和推广。

凯里学院蓝莓产业技术创新团队（黔科合 LH 字［2016］7331 号）自 2017 年以来，一直围绕蓝莓栽培土壤 pH 改良方法进行无公害化探索和实践。同时结合根域限制栽培在葡萄、桃、柑橘等果树上的实践，开展了其在蓝莓有机基质栽培上的探索与实践。三年的生产实践证明，采用根域限制方式进行有机基质栽培是解决目前蓝莓露地栽培生产实践难题的一个有效途径。为加快我国蓝莓果品无公害化、标准化，以及绿色有机蓝莓果品发展的进程，使蓝莓生产在产量、品质和安全性上有新的提高，满足人民对美好生活的需求，提升我国蓝莓果品在国际市场的竞争力，我们编写了此书。

本书共七章，重点围绕蓝莓有机基质栽培种植与管理要点等方面做了归纳和介绍，其中杨芩负责第一章和第五章编写，付燕负责第二章、第三章和第六章编写，刘雅兰负责第四章编写，邓洁负责第七章编写，张婷淳、彭舒负责第八章编写，刘立波和邵显会分别参与第四章和第七章编写。希望本书的出版，能对我国蓝莓的有机基质栽培发挥一定的指导作用。此书的编写尚属探索，书中内容不尽完善，望在科学研究发展和生产技术实践中得到充实和完善。同时，限于编者的水平和时间，书中难免有不妥和错误之处，敬请同行、读者不吝指正。

编　者

2020 年 10 月

目　录

第一章

蓝莓栽培概述

一、蓝莓的栽培现状与趋势

蓝莓（blueberry）原产于北美，是一种新兴的世界性小浆果，为杜鹃花科（Ericaceae）越橘属越橘组（*Vaccinium* sect. *vitisidaea*）一类植物的统称。越橘属植物有 400 个物种，分为 34 个植物学组（section），在果树分类学上主要包括蓝莓类（blueberries）、蔓越橘类（cranberries）、欧洲越橘类（bilberries）、越橘（又称红豆，lingenberries 或 cowberries）、笃斯越橘（northern bilberry）等。蓝莓的代表种为高丛蓝莓（*V. corymbosum*）、矮丛蓝莓（*V. angustifolium*）、兔眼蓝莓（*V. ashei*）和常绿蓝莓（*V. darrowii*）。高丛蓝莓适应北美北方气候特点，又称北高丛蓝莓（northern highbush blueberries）。将北高丛蓝莓与南方常绿蓝莓杂交进行品种选育，选育出了适应南方气候特点的品种群，称之为南高丛蓝莓（southern highbush blueberries）。将北高丛蓝莓和矮丛蓝莓杂交形成的栽培品种群，称之为半高丛蓝莓（half highbush blueberries）。在北美，矮丛蓝莓成片野生于田间，集约化管理，机械化采收，速冻，主要用于加工食品，又称野生蓝莓（wild blueberries）。蓝莓果肉细腻，风味独特，营养丰富，果实中含有花青苷、熊果苷、黄酮类等多种具有抗氧化生理活性成分的物质，其抗氧化活性在 40 多种水果和蔬菜中最高，具有促进视红素再合成、抗炎、提高免疫力、抗心血管疾病、抗衰老、抗癌等多种生理保健功能，联合国粮农组织将蓝莓列为"人类五大健康食品之一"，世界卫生组织也将蓝莓列为"最佳营养价值水果"，极大地促进了世界蓝莓及相关加工产品的推广与销售，推动了蓝莓种植业的发展。

经过近百年的发展，蓝莓栽培种植发展迅速，种植面积在世界各国迅速扩大。目前，蓝莓栽培遍及全球，形成了北美洲、南美洲、欧洲、地中海与北非、撒哈拉以南非洲、亚洲与太平洋地区（亚太地区）等六大产区，超过58个国家开始蓝莓的栽培生产。全球高丛蓝莓栽培面积从2008年至2016年几乎成倍增长，从65696hm^{2}发展到135338hm^2。2016年产量达到655000t。其中，北美洲、南美洲和亚太地区为全球蓝莓栽培生产的三大主产区。美国、智利、加拿大（卑诗省）、西班牙、中国、阿根廷、波兰、秘鲁、墨西哥、摩洛哥为前10位蓝莓生产国，遍布北美洲（3个）、南美洲（3个）、欧洲（2个）、亚太地区（1个）和地中海与北非（1个）五大产区。

中国作为亚洲蓝莓的主要生产地，2017年栽培面积达到31210hm^2，总产量为114905t。全国规模化种植的省、直辖市、自治区达到27个，种植区域北起黑龙江，南至海南，东起渤海之滨，西至西藏高原。山东省、贵州省和辽宁省蓝莓规模化种植最早，也是目前我国栽培面积和产量位列前三的省份。蓝莓产业带来的显著经济效应为脱贫攻坚和乡村振兴提供了有力的产业支撑，同时贵州省政府加大扶持力度，近5年来，栽培面积迅速增加，到2017年达到了13000hm^2，列全国第1位，产量达到了30000t，亦跃居全国第1位。近几年来，浙江、湖北、四川、云南由于特殊的地理条件和果实品质优势，栽培面积也快速增加。中国是一个有14亿人口的大国，对蓝莓优质果品需求基数庞大，蓝莓市场消费潜力巨大，发展前景良好。因此，以满足人民对美好生活的需要为根本，以蓝莓果品安全为核心，以生产高品质蓝莓果品为目的，加强蓝莓无公害、绿色和有机果品的栽培生产对提升蓝莓果品质量、推动蓝莓产业可持续发展具有重要的现实意义。

二、蓝莓优质果品生产栽培的意义

生产优质、营养、安全的蓝莓果品不仅是满足国内外市场需求，而且是关乎产业兴旺、果农增收、农业发展、农村富裕的大事。自20世纪80年代以来，我国蓝莓产业得到了大力发展。但当前，随着产量的增加，市场出现了从供不应求，到供求平衡，到结构性过剩的变化，加之环境和生产过程中的污染日趋严重，虽蓝莓栽培面积日益扩大，产量上升，但效益相对下降。我国加入WTO后，给蓝莓生产带来了机遇，也带来了更加激烈的竞争，机遇属于优质、安全、符合市场需求的果品，质差、缺乏安全性的果品却再也无人问津。因此，进行蓝莓生产供给侧结构性改革，开展无公害、绿色和有机蓝莓果品的栽培生产意义重大，影响深远。

（一）加速蓝莓布局和结构调整

我国适栽蓝莓的地域广阔，北至寒温带气候的黑龙江，南到属于热带季风气候的海南，西到素有"世界屋脊"之称的青藏高原，东到属于温带大陆性季风气候的渤海之滨。蓝莓生产的发展到了新的阶段，根据"优质、安全和效益"的原则，对生产无公害、绿色和有机蓝莓的栽培有了新要求，因此，我国蓝莓的布局应该加速调整。蓝莓布局的调整，促使蓝莓品种结构的调整，即淘汰一批相形见绌、市场销路不畅的品种，发展一批适宜在调整后的生态区域种植、市场有需求的优新品种。同时开展蓝莓栽培模式结构调整，推进无公害、绿色和有机蓝莓生产栽培。

（二）促进生产的规范化、标准化

生产无公害、绿色和有机食品蓝莓，必须采用规范化、标准化的生产技术。为保证产品的优质、安全，整个生产流通过程都要严格管理，执行规范的技术要求。不然，就难以生产出合格的产品，而被市场拒之门外。所以，蓝莓的生产者，不论是基地的业主或是果农，为了使生产出来的产品变成商品，获得良好的经济效益，就必须重视蓝莓的规范化、标准化生产。

（三）促进产业发展、助力脱贫攻坚

蓝莓作为重要的经济作物，因其保健价值高而风靡全球，是我国近年来迅速发展的经济林树种，可以成为山区脱贫的重要经济林作物，发展蓝莓产业已成为精准扶贫的有效途径之一。蓝莓产业无公害、绿色和有机化有利于实行规模化种植、现代化管理。通过科学的、行之有效的运作模式，鼓励农民按自愿互利的原则，以转让、出租、入股、联营等方式进行土地流转。采取"公司＋农户""公司＋基地＋农户""协会（专业合作社）＋农户""公司＋协会＋农户"等多种模式，促进蓝莓产业的发展，最终实现助力脱贫攻坚、富民强国的目的。

（四）增强果品在国内外市场竞争力

蓝莓具有独特的风味及营养保健价值，其果实及产品风靡世界，供不应求，在国际市场上售价昂贵。蓝莓鲜果大量收购价每千克为 3.0～3.5 美元，市场鲜果零售价格每千克高达 10～20 美元。蓝莓冷冻果国际市场价格每吨为 2600～4000 美元。在日本，蓝莓鲜果作为一种高档水果供应市场，价格昂贵，只有 20% 的富有阶层才消费得起。尽管日本现有 600 公顷栽培面积，但远远满足不了市场需求，需每年从美国大量进口。日本从美国进口的单价每千克高达 6～8 美元，市场零售价格每千克达 10～15 美元。当前，我国蓝莓各地销售价格差异极大，在一线城市每千克虽能达到 120 元，但在一些蓝莓产区，蓝莓的销售价格每千克不足 20 元，而且不少蓝莓上不了货架，只能在菜市场上售卖。究其原因，有品牌品质（外观、内质）的问题，也有果品安全性的因素。生产优质、安全的无公害、绿色和有机蓝莓，既有利于国内蓝莓市场的稳定，又有利于蓝莓走出国门，增加蓝莓的出口量。

但是，目前蓝莓生产栽培仍存在一些实际难题，与其他果树相比，蓝莓对土壤的栽培条件，特别是土壤 pH 要求严苛，要求在肥沃、疏松、透气性好、排水良好、有机质含量 8%～12%、pH 4.0～5.5 的土壤中才能生长良好，因此生产栽培中均需对土壤进行 pH 改良。目前，施用硫黄粉是使用最广的改良方法，但因其为化工产品，很难满足无公害、绿色和有机果品生产的需求。此外，当前蓝莓的生产栽培以露地垄式或箱式栽培为主，存在改土面积过大、肥水管理效率不高等问题，增加了成本投入。实践证明，采用根域限制方式进行有机基质栽培是解决这些问题的有效途径之一。

三、根域限制的概念及其对植物生长的影响

（一）根域限制的概念

根域限制（rooting-zone restriction，root confinement）就是利用一些物理或生态的方法将果树的根域范围控制在一定的容积内，通过控制根系的生长来调节地上部和地下部生长、营养生长和生殖生长过程，达到调控营养生长和生殖生长统一平衡的一种新型栽培技术。根域限制的方式主要有：

①垄式（raised bed）：指在地面上铺垫微孔无纺布或微微隆起（防止积水）的塑料膜后，再在其上堆积富含有机质的营养土呈土垄或土堆栽植果树。由于土垄的四周表面暴露在空气中，底面又有隔离膜，根系只能在垄内生长。这一方式操作简便，适合冬季没有土壤结冻的温暖地域应用，但是夏季根域土壤水分、温度不是太稳定。

②箱筐式（box，pot，container）：指在一定容积的箱筐或盆桶内填充营养土，植果树于其中。由于箱筐易于移动，适合在设施栽培条件下应用。缺点仍然是根域水分、温度不稳定，对低温的抵御能力较差。

③坑式（buried bed）：在地面以下挖出一定容积的坑，在坑的四壁及底部铺垫微孔无纺布等可以透水但根系不能穿透的隔膜材料，内填营养土后植树于其中。在葡萄的应用上表明，与垄式、箱筐式相比，坑式根域的水分、温度变幅小，果实品质进一步改善，可节约灌溉用水，并可在冬季寒冷的北方地域应用。

近年来，在美国、澳大利亚等国推广的部分根域干燥技术（partial root-zone drying）也是根域限制栽培的一种简易的形式。目前，根域限制技术已在葡萄、桃和柑橘等近十种果树上开展了试验，几乎所有的试验都达到了抑制幼树营养生长、促进早期花芽形成和提高果实品质的效果。葡萄根域限制技术基本成熟，适宜的根域容积是每平方米树冠投影面积50L，并确立了适宜的土壤水分管理和营养液供给技术，但其他果树植物根域限制的应用技术还有待进一步研究和应用。

（二）根域限制的研究背景、进展及现状

传统的果树栽培学认为果树是多年生作物，只有培养强健高大的树体结构，才能高产量、长寿命。所以"根深树大""深耕地多施肥"的观念曾支配了人们很久。为了培养牢固强壮的树体，强调深耕地广施肥；加上注重树形的重修剪，往往造成树体的徒长，成花少，产量低，品质差。特别是深翻地广施肥，使根系分布在比树冠投影面积更为广泛的范围内，难以判断根系的准确位置，施肥有一定的盲目性，也难以根据果树生长发育的需求适时适量准确地供肥。有时到果实品质形成期，前期所施的部分肥料成分才移动到根系位置或根系才伸长到肥料存在部位，此时氮素等的过分吸收会抑制果实上色和糖分的累积。在降水比较多的地区，土壤湿度大，深广的根系会过多地吸收水分，不仅诱发前期徒长，也不利于后期的糖分累积，甚至导致果实裂果。20世纪70年代，苹果等果树的矮砧密植栽培技术的普及推广取得了极大的成功，使"根深树大"的传统观念有所改变。但是，一方面在一些树种上尚无优良的矮化砧木可供使用，另一方面即使采用了矮化砧木，根系仍然分布在田间广阔的土壤中，仍然难以做到适时适量控制肥水供应。到了20世纪80年代，人们从盆栽植物生长受到抑制的传统园艺艺术中受到启示，开始了根域限制栽培方式的探索。目前，已在葡萄、桃、柑橘、苹果、樱桃、柿、无花果、蓝莓等果树上进行了研究，在控制地上部营养生长、提高产量和果实品质诸方面都取得了较好的结果，根域限制栽培方式作为果树栽培技术的最新研究成果开始受到重视。

（三）根域限制果树栽培模式的特点

在果树栽培生产中，人们经常采取化学和机械的方式来调控果树的生长和发育，以期提高果实产量和品质。施用多效唑控制新梢生长，施用膨大剂促进果实的膨大生长，通过修剪控制地上部分的生长等。化学物质的使用往往会对环境造成污染，引起人们对果品安全的关注。果树的修剪加大了果农的劳动强度，增加了果树生产中的人力成本。

根域限制作为一种新的果树栽培模式具有以下特点：①有利于提高果实品质；②有利于抑制新梢生长，促进成花，提高坐果率，增加产量；③可以增强施肥的目的性和可控性，提高果树营养吸收效率；④根系密度大，有利于水分的调控，可实现肥水供给的自动化和精确定量化；⑤根域容积小，有利于提高根际土壤有机质含量；⑥在老果园更新中可以克服重茬障碍；⑦不受土壤条件制约，可在盐碱滩涂地栽培，拓宽适宜栽培范围，减少改土成本；⑧在庭院、阳台、楼顶的绿化上有良好应用价值；⑨在景观树木的抚育、栽植和移栽中有良好应用价值；⑩可根据果树的需要精确灌水，节水效果显著，在西部干旱缺水地区，或对水分要求高的果树种植上有重要应用价值。

（四）根域限制对植物生长的影响

在制作"盆景"的过程中，利用盆栽的方式，对盆景植物的矮化效果良好，是根域限制栽培在实践中较早获得成功的例子。目前，人们主要通过采用矮化砧木、短枝型品种和人工致矮技术控制果树冠层的扩大，但现行的树冠控制技术均存在不足，如矮化砧木适应性较差，且易感某些病虫害，生长抑制剂有一定的有效期，不能解决长期控冠问题，且有某些不良作用。

植物根系作为养分吸收的重要器官，除了能吸收养分和水分供给植株生长外，还具有合成激素、生产根系分泌物和感知外界环境等多种重要的生理功能。根域限制下根系生长的外界环境发生变化，导致根系生长与功能发生相应的变化。国内外的一些研究表明在不同的根域限制方式下，植株的生长发育都受到很大的影响，外部的生长特征和体内生理生化反应发生变化，这些变化都是根系适应根域限制，对外界环境变化进行的主动响应。

1. 根域限制对植株营养生长的影响

当植物的根系生长体积受到限制时，植株的地上部分营养生长也会受到限制，这主要体现在植株矮化、新梢生长受到抑制、叶面积减小、根冠比下降或增大等。研究表明，在体积15mL的容器内的桃树幼苗，25天后被发现植株叶片数量减小，总叶面积减少，形成的新梢数量也少。同时根域限制处理的水培番茄的叶面积仅为非根域限制的35%，株高则为85%。根域限制与对照土壤中水分含量差异不大，而且在根域限制下土壤水分看上去是充足的，但是叶片和根系干物质积累水平和干旱胁迫中植株相似。此外，阳桃根域限制9天后，对照叶片干重比根域限制高40%，在成熟期对照叶片干重比根域限制和干旱胁迫植株高60%。

因此，根域限制栽培有利于矮化密植栽培和花芽分化，进而促进果实栽培的早结、丰产和优质。

2. 根域限制对植株生殖生长的影响

研究表明，不同容积的容器中栽培的棉花的开花量差异不大，但小容器中栽培的植株开花期要早于大容器中植株，证实了根域限制抑制营养生长，而光合产物在果实中积累增加。根域限制下桃树的花量增加50%，芒果的产量增加35%。

3. 根域限制对植株根系生长的影响

杨树幼树用根域限制处理7天后，根域限制和对照及干旱胁迫处理之间的根系干重出现差异，成熟期时，对照植株根系干重比根域限制和干旱胁迫处理高70%，同时由于根系生长受到限制，新梢生长和产量也随之下降。盆栽黄瓜植株叶片的光合速率下降，从叶片中输出的光合产物减少。从根系的干重来看，种植于容积为 $1.98m^3$ 的阳桃植株根系干重比容积体积为 $5.17m^3$ 植株根系干重降低50%。箱式根域限制栽培对定植当年的美人指葡萄根系生长发育有显著影响，不同容积箱式之间存在显著差异。随着箱式容积的缩小，其根总鲜重、总干重、总根数和总表面积也随着减少，箱式容积越小，根系分布范围越窄，其中粗根量减少、长度缩短特别明显，但是细根表面积的比重在增大。反之，随着箱式容积的增大，单位容积中的根系量明显增多、根表面积明显增大，一般细根表面积都占其根总表面积的50%以上。在小体积容器栽培咖啡研究中，发现咖啡根部形态发生了明显的变化，较正常植株表现为更加短而粗。

（五）根域限制栽培在果树上的应用前景

根域限制作为一种新的栽培技术体系具有特殊的优点并有广阔的应用前景。果树产品的市场竞争日趋激烈，果品的外观质量和内在营养是竞争取胜的关键，根域限制栽培在提高果品质量方面可以发挥更大的作用。

根域限制主要有以下几个优点：①将根系限制在一定范围内，可以准确有效地施肥浇水，提高水肥利用率，减少施肥量，保护环境。②根系密集，根域狭小，叶片的蒸腾可使根域土壤水分很快降低，可避免土壤过湿造成贪青旺长及果实成熟不良的现象，适当的水分胁迫，不仅能使新梢生长适时停止，减少光合产物的浪费，而且还能促进果实着色和糖分积累。③营养生长受到抑制，树体显著矮化，增加单位面积种树量。同时改变了光合产物的分配，花芽增加，产量提高。④根域的容积小，施用有机肥彻底改良土壤成为可能，有利于实现真正的有机栽培。⑤便于实现灌水和施肥的自动化和省力化。⑥使果树的栽培不受土壤条件的限制，在一些地下水位高、土壤盐渍化严重的地区，也可以利用根域限制的方式建园，实现高产优质栽培。另外，多数果树都是强蒸腾耗水型植物，根域限制栽培可有效控制根系和树冠的体积，降低对水分的消耗，现在水资源短缺已成为世界瞩目的大问题，根域限制栽培的优势更加明显。随着人们生活水平的不断提高，人们对水果品质的要求也不断提高，根域限制可调节果树的营养生长和生殖生长，促进生殖生长提高产量，改善品质，根域限制对现代果业的发展必将起到重要作用。

四、有机基质栽培的概念及其种类、栽培特点与形式

（一）有机基质的概念

有机基质栽培是指采用有机物如农作物秸秆、菇渣、草炭、锯末、畜禽粪便、野生植物残体、林下腐殖质等，经发酵或高温处理后，按

一定比例混合，形成一个相对稳定并具有缓冲作用的全营养栽培基质原料。

（二）有机基质的种类

1. 泥炭

泥炭是由一些植被经过长期复杂的生化过程形成的半分解产物，是迄今为止被普遍认为最好的无土栽培基质。在世界各国均有分布，我国泥炭资源也较为丰富，泥炭在我国各省（自治区、直辖市）均有蕴藏，但分布极不均衡。资源量超过1亿吨的有四川、云南、甘肃、江苏、西藏、黑龙江、安徽、内蒙古、吉林、新疆等十个省（自治区），共占全国可用资源量的92%。根据其植被来源、分解程度、矿质含量等可分为高位泥炭、中位泥炭和低位泥炭。泥炭质地细腻，透气性差，保水持水性强。pH偏酸或酸性，有机质含量丰富，且差异大，一般含量可在6.86%～70%之间，含有较多作物所需的养分。低位泥炭由于其分解程度较高，氮和灰分含量较高，容重较大，吸水、通气性较差，酸性不强，但有效性较高，故宜直接作肥料使用，不宜作栽培基质。高位泥炭正好相反，其分解程度较低，氮和灰分含量较少，容重较小，吸水、通气性较好，酸性较强。中位泥炭介于低位和高位泥炭之间。我国泥炭中以中位泥炭较多，高位泥炭和中位泥炭都可作为栽培基质与其他基质混合使用。

2. 椰衣纤维

椰衣纤维又称椰壳纤维或椰糠，是椰子加工业的副产品。与泥炭相比，椰衣纤维含有更多的木质素和纤维素，松泡多孔，保水和通气性能良好。pH为酸性，可用于调节pH过高的基质或土壤。P和K的含量较高，但N、Ca、Mg含量低，因此使用中必须额外补充氮素，而K的施用量则可适当降低。椰衣纤维在国外使用较多，已用于蔬菜和花卉如番茄和金鸡菊的栽培。我国也有相关研究，采用椰壳粉和蛭石混合后，发现混合基质能明显促进黄瓜幼苗的生长。由于椰衣纤维制品越来越受到人们的关注，在海南花卉产业中，已经出现了供不应求的局面。

3. 树皮

不同的树种差异很大，作为基质最常用的树皮是松树皮和杉树皮。树皮含有无机元素，但保水性较差，容重在 $0.40\sim0.53g/cm$ 之间，pH 通常在 $4\sim7$ 之间，C/N 值 $60\sim100$，容易造成氮素缺乏，含有较多的树脂、鞣质、酚类等抑制物质，这些有害物质必须经充分堆制发酵使之降解。另外，树皮中 Mn 的含量通常过高。研究表明松树皮基质对于凤梨、草莓的营养器官的干物质积累和分蘖有利；腐化树皮：草炭为 7∶3 时对于生菜的生长最为有利。以腐烂的树皮或泥炭为重要成分制作的人造土壤具有良好的排水性、保水能力和保肥能力，不仅是花卉无土栽培的适宜基质，而且特别适合作高尔夫球场果岭区草坪土壤。经堆制的栗树皮混合 50％泥炭，栽培仙客来取得了很好的效果，但当树皮的含量超过 50％时就会产生 pH 过高、缓冲性能和保水能力降低、通气孔隙不足等问题。

4. 锯末屑

锯末屑是木材加工的下脚料。锯末屑添加一定量的黏土、硝酸铵和有机肥后可以成为一种很好的栽培基质。但各种树木的锯末屑成分差别很大，一般锯末屑碳素含量较高为 48％～54％、含氮约 0.18％、灰分为 0.40％～2.00％、pH 在 4.20～6.00 之间，C/N 比值很大。作为栽培基质的锯末屑颗粒不宜太细，直径小于 3mm 的不应超过 10％，应有 80％在 3～7mm 之间，由于其使用过程中消耗速度慢、结构良好，一般可连续使用 2～6 茬。以松木和泡桐树为主的未腐熟锯末屑 C/N 值为 138.83，容重为 $0.17g/cm^3$，发酵后 C/N 值可下降到 13.64，容重上升为 $0.25g/cm^3$ 左右。腐熟后的锯末屑电导率 (EC) 值均在 0.50～1.30mS/cm 范围内。总孔隙度在 80％以上。符合栽培基质的要求，栽培辣椒幼苗生长良好。较粗锯末屑混以 25％的稻壳，可提高基质的保水性和通气性。另外，锯末屑含有大量杂菌及致病微生物，需经过适当处理和发酵腐熟才能应用。其碳素含量较高，经过发酵腐熟分解后还需加入一定量的氮源以利于碳素的降解，用于栽培番茄、辣椒等均取得良好效果。

5. 蔗渣

蔗渣是制糖业的副产品，我国两广一带资源丰富，甘蔗生产过程中大约原材料的 25% 为含水的甘蔗渣。最主要的成分是纤维素，其次是半纤维素和木质素，除少量用于造纸和制造糠醛外，大部分作为甘蔗料烧掉。新鲜甘蔗渣由于 C/N 值太高，达 170 左右，不经处理植物根系难在其中正常生长，所以在使用前必须经过堆沤处理。在自然条件下其堆沤效果较差，需经过添加氮肥并堆沤处理后，方可成为与泥炭种植效果相当的良好无土栽培基质。蔗渣中加入 NH_4NO_3、膨化鸡粪和堆肥速效菌曲后进行堆沤处理，得到的基质用于黄瓜、番茄和菜薹的栽培，均达到了无公害蔬菜产品的要求。与 60% 的木糖渣、30% 的煤灰、10% 的煤渣混合，添加尿素、鸡粪等，可成为与泥炭相当的番茄育苗基质。加入堆肥速效菌曲、尿素、鸡粪后堆沤，所产基质用于西瓜、甜瓜无土栽培的效果较好。我国两广一带蔗渣资源丰富，其作为基质运用的潜力巨大。

6. 炭化稻壳

稻壳是水稻产区加工时的副产品，通过暗火闷烧将其炭化，通透性好，不易腐烂，持水能力一般。通常通过暗火闷烧将其炭化，形成炭化稻壳即砻糠，可与其他基质材料配合使用，一般用于花卉的扦插基质。有试验表明其容重约为 $0.15g/cm^3$，总孔隙度约 82.50%，大孔隙约占 57.50%，小孔隙约占 25.00%。含氮 0.54% 左右，呈碱性，使用前可进行水洗，也可与酸性基质配合使用。研究人员通过室内理化形状分析和温室内蔬菜作物栽培试验表明，以生稻壳作为有机生态型无土栽培基质的主要配方是可行的，能够满足番茄作物的正常生长发育需要。

7. 菇渣

菇渣为种植食用菌后的培养基质，一般不能直接使用，将蘑菇渣粉碎，颗粒直径在 0.2mm 以下后发酵更好，有利于快速发酵，大大节省发酵时间。如不便或不能粉碎，也应设法破碎，蘑菇渣长度一般应控制在 0.5～1cm，水分含量要控制在 55%～65%，将金宝贝发酵剂按

1∶5以上的比例加麸皮米糠混匀后在混入粉碎的蘑菇渣，经堆沤3～4个月后取出风干、打碎、过5mm筛，方可使用。由于含氮、磷较高，不宜直接作为基质使用，应与泥炭、甘蔗渣、沙等混合使用，一般菇渣比例不应超过40%～60%。不同种类的菇渣差异较大，种过香菇的木屑废渣容重为0.16g/cm³，EC值为0.04mS/cm，而种过草菇的棉籽壳废渣容重为0.15g/cm³，EC值为0.26mS/cm，pH为6.40。菇渣与泥炭、树皮等混合后在栽培观赏灌木时亦取得了很好的效果。

8. 芦苇末基质

芦苇末是造纸中产生的废弃物，未经过化学处理，洁净无污染，富含有机质，特别是微量元素，芦苇末基质容重0.20～0.40g/cm³，总孔隙度为80%～90%，大小孔隙比为0.50～1.00，EC值为1.2～1.7mS/cm，阳离子交换容量（CEC）为60～80mmol/100g，可以满足栽培需要。20世纪90年代以后，瑞士等国家将芦苇末作为有机无土栽培基质应用于蔬菜栽培。在国内，芦苇末基质首先是由南京农业大学和江苏大学研制开发出来的。他们利用造纸厂废弃的芦苇末短纤维下脚料作原材料，加入一定配方的辅料，添加特定微生物经过堆制发酵，研制合成一种环保型优质无土栽培有机基质。目前已进入工厂化生产，月生产能力达2500m³。其中用于育苗的芦苇末基质以加入30%的蛭石或珍珠岩为好；在栽培时，每1.00m³芦苇末基质添0.20m³泥炭、0.50m³炉渣、0.30m³珍珠岩和适当有机颗粒肥，可以满足蔬菜作物生长发育的需要。该产品的开发既解决了造纸厂废物处理的难题，又为无土栽培提供了良好基质，具有广阔的发展前景。另外，芦苇末混合经栽培食用菌后的菇渣再混合蛭石或珍珠岩也是良好的蔬菜栽培基质。

9. 秸秆

秸秆是成熟农作物茎叶（穗）部分的总称。通常指小麦、水稻、玉米、薯类、油菜、棉花、甘蔗和其他农作物（通常为粗粮）在收获籽实后的剩余部分。农作物光合作用的产物有一半以上存在于秸秆中，秸秆富含氮、磷、钾、钙、镁和有机质等，是一种具有多用途的可再生的生物资源，特点是粗纤维含量高（30%～40%），并含有木质素等。将秸秆粉碎后加入牛粪或秸秆腐熟剂、氮肥进行发酵处理，可得到有机生态型无土栽培新材料，可用于花卉、蔬菜的生产。以秸秆纤维为非织布的原料，秸秆纤维非织布制品作为草坪等的无土栽培基质进行了草坪种植试验，证明了可行性。

10. 腐叶土

腐叶土，又称腐殖土，是植物枝叶在土壤中经过微生物分解发酵后形成的营养土，也是常见的花木栽培用土。腐叶土自然分布广，采集方便，堆制简单。有条件的地方，可到山间林下直接挖取经多年风化而成的腐叶土，也可就地取材，家庭堆制腐叶土。腐叶土质轻疏松，透水通气性能好，且保水保肥能力强，肥力持续性较长；多孔隙，长期施用不板结，易被植物吸收；与其他土壤混用，能改良土壤，提高土壤肥力；富含有机质、腐殖酸和少量维生素、生长素、微量元素等，能促进植物的生长发育；分解发酵中的高温能杀死其中的病菌、虫卵和杂草种子等，减少病虫、杂草危害。它不但干净、卫生、无异味，而且能改良土壤、杀菌和抑制土传病害，使植物根系生长旺盛，是各种花卉、盆栽植物的理想用土。同时，也非常适合各种瓜果、蔬菜、草坪种苗的培育。

11. 棉籽壳

棉籽壳，也称棉皮，籽棉经过轧花机加工去除棉籽而得到皮棉，棉籽经过削绒机加工得到一道、二道、三道等短绒。削绒次数越多棉籽残留棉绒就越少，此时棉籽称"光籽"，反之残留棉绒多的称"毛籽"。生产中常使用的棉籽壳，一般含水量为 10% 左右，干物质 91.77%，粗蛋白 5.34%，粗脂肪 4.73%，粗纤维 43.56%，无氮浸出物 35.73%，灰分 2.41%，钙 0.32%，总磷 0.12%，碳氮比为 23：1，营养价值较高，但其棉酚含量严重超标。

12. 玉米芯

玉米芯是用玉米棒脱粒加工再经过严格筛选制成的，具有组织均匀、硬度适宜、韧性好、吸水性强、耐磨性能好等优点，在使用过程中易破碎。

（三）有机基质栽培的特点

有机基质栽培是建立在充分利用农业生态系统中有机物质资源的基础上，其物质的投入与产出，物质的循环与积累均从属于农业生态系统的存在与发展。所用的有机物质完全是农业内部种植业与养殖业的副产品及某些废弃物。有机物质资源极其丰富，价格相对低廉，以此为原料配制的有机基质及肥料，所含养分齐全，虽然都为固态，但在供应水分的状态下，且有着光、热、气外部条件，形成适于栽培作物生长的生态环境，同时有机基质及肥料经生物转化，所含营养物质得以分解释放，供作物吸收利用。因此无需将肥料配成营养液，也就省去了配制、贮存、输送、控制、检测等诸多设施，更省去了相应环节所需的能源消耗与人力。而营养液传统无土栽培所需要的营养物质，全要依靠化工部门生产，在配制营养液时不仅要考虑各种无机盐的种类，而且所需要的各种营养元素，不能完全以农业用比较廉价的化肥配制营养液，而要用化工原料以及化学纯级的化学试剂，更要为保证铁等金属元素稳定有效性，还要用 EDTA-Na_2 等试剂配成金属螯合物溶液，配营养液的原料价格贵、成本高，故以营养液为营养源的肥料费用是有机生态型肥料费用的 $6 \sim 10$ 倍，如再加上设施及能源消耗等成本费用，两者相差更多。两者在对生态环境的影响上同样存在较大差异，有机基质栽培采取滴灌方式，灌水量低于有机基质饱和含水量，不存在有多余水分需要排放的问题，所用的有机基质经过多年的利用（一般为 5 年左右）后须更新，换下的基质可作为有机肥料施用于土壤供大田作物利用，不会产生污染，为全过程的绿色生产。

"九五"以来，有机基质栽培的番茄年 $1hm^2$ 平均产量已由 $16.50 \times 10^4 kg$ 左右上升到 $(21.00 \sim 22.50) \times 10^4 kg$。研究人员采用该方式种植黄瓜，年均产量较土壤栽培增产 62.50%。用不同方式种植樱桃番茄，结果表明有机基质栽培较营养液栽培增产近 20.00%。采用有机基质栽培种植辣椒，结果表明，有机基质栽培较土壤栽培增产 69.40%，较营养液栽培增产 41.30%。有机基质栽培除具有一般无土栽培的特点（如提高作物的产量和品质、减少农药用量、产品清洁卫生、节水、节肥、省工、利用非可耕地生产蔬菜）外，还具有如下特点：

第一，用有机固态肥取代传统的无机营养液。传统无土栽培是以各种化肥配制成一定浓度的营养液，以供作物吸收利用。有机基质栽培是以各种有机肥或无机肥的固体形态直接混施于基质中，作为供应栽培作物所需要营养的基础。作物整个生长期中可隔几天分若干次将固态肥直接追施于基质表面，以保持养分的供应强度。

第二，操作管理简单。传统无土栽培的营养液，既要维持作物生长所必需的各种营养元素的一定浓度，又要考虑各种元素之间的平衡，尤其要注意微量元素的有效性。有机基质栽培因采用基质栽培及施用有机肥、各种营养元素，不仅营养元素齐全，其中微量元素更是供应有余，因此在管理上主要着重考虑氮、磷、钾三要素的供应总量及其平衡状况，大大简化了操作管理规程。

第三，大幅度降低无土栽培设施系统的一次性投资。由于基质栽培不使用营养液，从而可全部取消配制营养液所需的设备、测试系统、定时器、循环泵等设施。

第四，大量节省生产费用。有机基质栽培主要施用消毒有机肥，与使用营养液相比，其肥料成本降低。

第五，对环境无污染。在无土栽培的条件下，灌溉过程中 20% 左右的水或营养液排到系统外是正常的，但排出液中盐浓度过高，则会污染环境。有机基质栽培系统排出液中硝酸盐的含量只有 $1\sim4mg/L$，对环境无污染，而岩棉栽培系统排出液中硝酸盐含量高达 $212mg/L$，对地下水有严重污染。由此可见，有机基质栽培方法生产蔬菜，不但产品洁净卫生，而且对环境也无污染。

第六，产品品质可达"绿色食品"标准。从栽培基质到所施用的肥料，均以有机物质为主，所用有机肥经过一定加工处理（如利用高温和嫌氧发酵等）后，在其分解释放养分过程中，不会出现过多的有害无机盐。使用的少量无机化肥，不包括硝态氮肥，在栽培过程中也没有其他有害化学物质的污染，从而可使产品达到"A级或AA级绿色食品"标准。

（四）有机基质栽培形式

有机基质栽培系统多采用基质槽式栽培。一个基质槽也就是一个栽培畦，基质槽多为南北走向，长度由日光温室的宽度而定。在无标准规格的成品基质槽供应时可选用当地易得的材料建槽，如用木板、木条、竹竿、砖块等，槽框能保持基质不散落到过道上就可以。

目前，生产上有机基质栽培槽的设置形式主要是两种形式：一种是地上栽培槽。由4层砖平地叠成，内径0.48m，高0.20m，槽的底部铺1层0.10mm厚的聚乙烯塑料薄膜以防止土壤病虫传染。薄膜的两边压在槽的第3层砖上，这样有利于基质通气，促进作物根系发育。薄膜铺好后先在槽中填5.00cm厚的石砾或粗炉渣以利于排水，再在其上铺一层剪开的废旧编织袋，作为衬垫以尽可能阻止根系伸入底部排水层中，然后在编织袋上装填栽培基质直至装满整个栽培槽。每个栽培槽的一端应设置一个供水阀门直接与温室内的自来水管道相接。栽培槽中定植作物以后，再在两行作物的中间铺设一根滴灌软管带，其一端与供水阀门相连，另一端接紧为了防止滴管带中的水喷上走道，应在滴管带上方盖1层塑料薄膜。

一种是简易栽培土槽形式，该栽培槽规格设置是上口宽度40cm，下口宽度25cm，深度25cm。栽培时，槽内先铺一层塑料薄膜，与周围土壤隔离，然后将混合均匀的有机基质填入栽培槽，此种设置形式，每667m^2用基质30m^3左右，且实验证明，在基质养分和水分供应充足的条件下，该栽培槽规格形式与其他各种设置形式间生长量和产量不存在显著性差异。

第二章

蓝莓的栽培环境条件及良种选择

一、栽培环境条件

（一）温度

1. 需冷量

落叶果树解除自然休眠（内休眠）所需的有效低温时间称为果树的需冷量，又称为低温需求量或需冷积温，是自然休眠过程中有效低温的累积量化指标，是进入下一个生长发育阶段的必经环节，满足蓝莓的需冷量，顺利通过自然休眠是进行蓝莓栽培的基本条件。需冷量的高低主要由遗传性决定，不同树种、品种的需冷量差异显著，蓝莓要达到正常开花结果的需冷量一般为 300～1200h，花芽比叶芽的需冷量要求量少。北高丛蓝莓的需冷量一般为 800～1000h，兔眼蓝莓的需冷量一般为 400～700h，南高丛蓝莓的需冷量则一般为 200～500h，也有个别品种要求 600～800h 的需冷量。此外，蓝莓对低温的忍受能力主要依赖于植物进入低温的驯化程度。不同类型的蓝莓抗寒能力不同，矮丛蓝莓抗寒性最强，半高丛次之，高丛最差。矮丛蓝莓品种除了它本身抗寒能力较强外，另一个原因是其树体矮小，在寒冷地区栽培时冬季雪大可将其大部分覆盖，因此可安全露地越冬。

2. 温度与生长发育

蓝莓冻害类型主要有抽条、花芽冻害、花蕾冻害、枝条枯死、地上部分死亡等，全株死亡现象较少，其中最常见的是发生抽条现象。入冬前枝条发育不好，秋季少雨干旱，均可引起枝条抽干现象发生。

霜害最严重的是危害芽、花和幼果，花芽发育的不同阶段，蓝莓的抗寒能力也不同：花芽膨大期可抗6℃低温；花芽鳞片脱落后−4℃的低温可冻死；露出花瓣但尚未开花时2℃的低温可冻死；花正在绽放，在0℃时即可引起严重的伤害。在蓝莓盛花期，如果雌蕊和子房低温几小时后变黑，即说明发生冻害。解剖花芽后发现各器官在低温后变为暗棕色，说明花芽受到了霜害。在盛花期，霜害虽然不能造成花芽死亡，但是会影响花芽的发育，气温低于5℃或高于35℃对花粉萌发和花粉管生长不利，造成坐果不良，果实发育差。

蓝莓生长季节可以忍耐周围环境中35～45℃的高温，而半高丛和矮丛蓝莓生长季节可忍耐30～40℃的高温，高于此温度，蓝莓对水分的吸收能力减退，造成生长发育不良。矮丛蓝莓在18℃时生长较快，而且产生较多的根茎。矮丛蓝莓春季温度过低，其生长发育会受到限制，在10～21℃之间气温越高，生长越旺盛，果实成熟也越快。在水分和养分充足的情况下，气温每上升10℃生长速度即可增加1倍。当气温降到3℃时，即便没有霜害，植株的生长也会停止。大部分半高丛蓝莓品种可耐−25～−20℃低温，在深度休眠的状态下可耐−30℃低温。矮丛蓝莓的光合作用在10～28℃范围内随温度升高而增加。早春低温对矮丛蓝莓生长不利，北方地区栽培蓝莓当遭受早春霜害时，叶片虽然不脱落，但是会变为红色，从而影响光合作用，叶片变红后，待气温升高约1个月后才能转绿。温度对花芽和果实发育也有很大影响，矮丛蓝莓在25℃时形成的花芽数量远远大于在16℃时形成的花芽数量。因此，生长季节的花芽形成期出现低温往往造成矮丛蓝莓第2年严重减产。

（二）光照

蓝莓属于短日照植物，长日照有利于蓝莓的营养生长，而花芽分化则需在短日照条件下进行，全日照光照强度是花芽大量形成的重要条件。在全日照条件下果实质量好。在短日照8h 40天时，矮丛蓝莓形成花芽。因此在离体培养条件下，光是相当重要的环境因素，光的影响包括光周期、光照强度和光质三部分。

1. 光周期

光周期是指光照与黑暗交替的时间，光周期是对植物细胞脱分化的效应。矮丛蓝莓和半高丛蓝莓供给 12h 以上的光照可以促进营养生长，光照时间从 8～16h 营养生长不断增加，在 16h 时达到高峰。营养生长对光照时间的反映在 21℃时最敏感，而温度低于 8℃时不敏感。光照时间的长短与花芽形成关系很大，当植株处于 16h 以上光照时，只有营养生长而不能形成花芽。当光照强度缩短时，花芽形成数量增加。8h 光照时间，花芽形成数量达到最大值。

一定时间的短日照（即 8h 50～60 天），对矮丛蓝莓是必要的，当短日照小于 30 天时，产生畸形果，短日照小于 35 天时花芽发育不正常，花序中的花朵数量减少。比较适宜的短日照时间为 50～65 天。适宜的短日照处理，可促进生长素合成。长日照处理可钝化和分解生长素。短日照处理也能促进赤霉素物质的合成，从而促进花芽形成。在蓝莓苗木繁育时，供给 16h 长光照比供给 8h 短光照生根率高而且根系质量好。

2. 光照强度

光是光合作用能量的来源，又是叶绿素形成的条件，光照还影响 CO_2 进入叶片的通道——气孔的启闭。光照强度是指单位面积上接受可见光的能量，简称照度，单位勒克斯（lx）。一天中以中午最大，早晚最小；一年中夏季最大，冬季最小。夏季晴天的中午露地照度大约在 10 万 lx，冬季大约 2.5 万 lx。阴天是晴天的 20%～25%。

光照强度的大小对蓝莓的光合作用有很大的影响。大多数矮丛蓝莓的光饱和点为 1000lx，当光照强度小于 650lx 时极显著地降低光合速率。矮丛蓝莓由于树冠交叉、杂草等影响光照强度，常处于光饱和点以下，从而引起产量下降。因此，应做好株丛的修剪与果园的清耕除草工作。光照强度小于 2000lx 时，矮丛蓝莓果实成熟推迟，果实成熟率和可溶性固形物下降。在离体培养条件下常用的光量在 2000～4000lx，通常难以达到 4000lx，一般光量在 2000～3000lx，光照强度的高低直接影响器官分化的频率。在蓝莓育苗中，常采用适当的遮阳以保持空气的湿度，但是全光照条件下生根率提高，并且根系发育得好，所以应尽可能地增加光照强度。

3. 光质

光质是指光的波长，过多的紫外线对蓝莓生长和发育有害，正常的晴朗天气到达地面的紫外线为 10.5UV-B 单位。处于正常光照 4 倍的紫外线时，果实表面产生日旸。紫外线增加抑制营养生长，而且花芽形成明显下降。离体培养条件下，一般用荧光灯进行补光，光谱成分主要是蓝紫光，光谱波长 419nm。在离体培养中，根和芽的分化所依赖的光谱成分不同：芽分化有效光谱为蓝紫光，波长为 419～540nm，其中蓝光更为适宜。波长为 660nm 的红光，对芽分化无效。根分化则和芽分化正好相反，根分化受波长 600～680nm 的红光所刺激，而蓝光则无效。

（三）水分

蓝莓为浅根系植物，根系集中分布在 0～20cm 土层内，且水平分布较狭窄，一般不超过树冠的投影范围。因此，蓝莓不能有效吸收土壤深层的水分。水分胁迫对蓝莓生长的影响较大。研究表明，水分胁迫将严重影响蓝莓果实的大小、产量，这严重制约蓝莓在干旱、半干旱地区的推广。保证蓝莓生长期间，尤其是开花结实期间充足的土壤水分对蓝莓的生长发育非常重要。当然，不同的蓝莓种类抵抗水分胁迫的能力也有所不同。研究人员采用盆栽试验对多个蓝莓实生群体间的抗旱性进行评价，结果表明南方种的抗旱性强于北方种。

对于土壤水分的要求，通常蓝莓从萌芽至落叶所需水分相当于每周降水 27mm，从坐果到采收则为 45mm。不适宜的土壤水分条件不仅会造成蓝莓产量的减少，甚至使果实皱缩，还会导致其栽培失败，大大限制了蓝莓栽培产业的发展。由于蓝莓原产地的土壤一般地下水位较高（60～90cm），从而可以保证蓝莓在整个生长期间的土壤水分充足且均衡。而对于生长在低洼地带的蓝莓品种如蓝丰、公爵而言，就很容易受水分亏缺的影响而造成产量减少。水分胁迫对高丛蓝莓从花期到成熟期均产生一定的伤害，严重影响果实的产量和品质。特别是在果实刚刚成熟阶段，水分胁迫严重地影响了果实的大小及产量。在抗旱性方面，据相关研究，在蓝莓的几个类群中，兔眼蓝莓的抗旱性最强，半高丛蓝莓强于高丛蓝莓，矮丛蓝莓最弱。

水分胁迫会使蓝莓的叶片变红、变薄，叶缘出现焦枯，枝条生长长细而弱，从而导致早期落叶。有学者研究了兔眼蓝莓叶表面蜡质层的季节变化，认为其抗旱机制与叶表面气孔周围的角质层形成有关。在严重的干旱胁迫条件下，蓝莓叶片的光合强度、叶绿素含量、光量子通量密度降低，而呼吸强度、气孔导度、蒸腾速度升高；随着时间的延长，变化幅度增大，最后导致叶片结构破坏，叶片脱落，植株死亡；在生理生化方面，超氧化物歧化酶（SOD）和过氧化氢酶（CAT）活性增加，丙二醛（MDA）含量增高，膜质受损，显示干旱胁迫严重影响蓝莓植株的生理生化代谢。

同时，水分胁迫还会影响蓝莓根系的生长和发育，蓝莓根系较浅的特点使水分供给在根系生长中显得更为重要。在蓝莓生长季，保持一定的土壤水分对维持蓝莓正常的生长发育是必不可少的。干旱影响蓝莓的生长发育，但水分过多则会给蓝莓造成淹水危害。土壤积水时，土壤通气差，土壤 O_2 含量降低，CO_2 含量上升，导致蓝莓生长不良。夏季淹水天数达到 25～35 天后会抑制花芽形成。连续淹水大于 25 天，则坐果率也会下降。因此，栽培蓝莓要选择有机质含量相对较高的沙壤土，保证土壤疏松，通气状况良好，不积水，以利于蓝莓生长。

蓝莓在休眠期耐淹水能力比较强。不同种类、品种的蓝莓在耐淹水能力方面也有比较大的差异。总体上讲，高丛蓝莓品种的耐淹水能力最强，半高丛蓝莓次之，矮丛蓝莓的耐淹水能力最弱。某些品种则有极强的耐淹水能力。如兔眼蓝莓在生长季节淹水 58 天仍然成活；"艾朗"淹水 28 天后受害程度相对于不耐淹水的品种仍处于较轻的状态。而"乌达得"品种淹水 15～25 天后，坐果率、枝条生长和产量都明显下降；"北空"淹水处理 17 天后，就有近 50% 的叶片脱落。高丛蓝莓在淹水 4 天后，气孔阻力和蒸腾作用明显下降，CO_2 吸收速率在 9 天内持续下降。受淹水胁迫的蓝莓至少需要 18 天才能恢复到淹水前的气孔特征。因此，在蓝莓栽培的水分调控方面，既要保证生育期内充足的水分供应，又要避免长时间的淹水胁迫，这样才能保证蓝莓的产量和品质。当然，针对不同的蓝莓类型和品种，还要有针对性地安排栽培场地，制定供、排水策略，实现蓝莓栽培的科学性和高效性。

（四）土壤

1. 土壤结构

蓝莓是对土壤条件要求比较严格的一种果树。由于其根系浅，水肥要求高，在不适宜生长的土壤条件下常常生长不良，严重者会导致栽培的彻底失败。根系发育决定着蓝莓植株的生长结实效果，要想地上部分生长得好，首先要给它提供一个能使根系良好发育的土壤条件，土壤疏松、通气良好、湿润和有机质含量高的酸性沙壤土、沙土、草炭土都能很好地促进根系的发育；而在钙质土壤、黏重和板结土地、湿润和有机质含量过低的土壤上栽培蓝莓，栽培效益会大幅削弱。

蓝莓的根系比较纤细，根系分布的土层浅。因此黏重土壤中，根系不容易穿越土层，从而生长缓慢。有机质含量低且为中性的黏重土壤，由于土壤粒性结构比较差，通气、排水不良也会造成根系发育不良，导致蓝莓不能良好地生长。在钙质土壤和 pH 较高的土壤类型上，蓝莓极易发生缺铁造成的失绿症状。在干旱土壤上容易发生由水分胁迫造成的根系生长抑制作用。高丛蓝莓栽培的理想土壤是有机质含量高的沙土，尤其是地下硬土层在 90～120cm 的土壤最好，以防止土壤水分渗漏。土壤中的颗粒组成，尤其是沙土含量与蓝莓的生长密切相关。沙土含量高、土壤疏松、通气好，有利于根系的发育。

在草炭土和腐殖土土壤上栽培蓝莓有两个问题：一是春秋土壤温度低，且由于湿度大，升温慢，使蓝莓生长缓慢；二是土壤中氮素含量高，容易使枝条停止生长晚，发育不成熟，造成越冬抽条，遭受冻害。

2. 土壤 pH

土壤的酸碱度是决定蓝莓能否在一定的环境下正常生长发育的重要条件。蓝莓最初栽植于酸性的森林土壤。经过大量研究试验表明，蓝莓是喜酸性植物，在酸性土壤中才能健康生长。如果可以从基因层面上来筛选耐高 pH 的蓝莓品种，那么人类就可以从根本上解决 pH 对蓝莓生长的胁迫问题。不同地区土壤的 pH 差异较大，土壤中有机质的含量随 pH 的升高而降低。土壤的酸碱度不仅影响蓝莓植株的长势，同时对果实的营养成分也存在制约。土壤的 pH 会影响蓝莓花色素苷的积累，土壤 pH 过低或过高都会抑制花色素苷的积累，降低蓝莓的食用价值。选择合适的土壤，进行适当的改良，才能使蓝莓的生长得到有效保障。

土壤 pH 会影响土壤中各营养元素的存在形式和可利用性。土壤 pH 过高，土壤中的铵态氮在微生物的作用下转化为不易被蓝莓吸收的硝态氮，引起植株缺氮，生长受阻，叶片失绿，结果不良；当 pH 高于 5.2 时，土壤中的自由铁会与有机物质合成络合物，使铁被固定，而不容易被蓝莓根系吸收。除了氮和铁外，锰、锌、铜等元素也受土壤 pH 的影响。当 pH 过高时，土壤中可溶性锰、锌、铜含量都会大幅度下降。

不同种类的蓝莓幼苗最适宜的 pH 不同，土壤的 pH 变化对蓝莓的各项生理指标影响明显。有研究表明越橘生长要求的 pH 最低限为 3.8，pH 最高限为 5.5。不同蓝莓品种对 pH 的适宜程度也不同，高丛蓝莓需要的土壤酸度最强。土壤 pH 对蓝莓的生长有极显著的影响。Conville 最早提出，蓝莓生长最适的 pH 为 5.0，可见蓝莓属于喜酸性土壤的植物，但蓝莓生长所需土壤的酸性又需要控制在一定范围内。当 pH 小于 4.0 时，随着土壤 pH 的降低，蓝莓植株长势变化主要表现在株高、基生枝长、延生枝长、枝条粗度、枝条个数及百叶重等方面都会受到影响。这主要是因为当土壤 pH 低于 4.0 时，会造成土壤中游离的重金属元素离子（如锰离子等）的含量增加，使蓝莓植株吸收的重金属元素过量，引起蓝莓中毒，从而使蓝莓生长不良甚至死亡。

土壤 pH 过高，导致铁缺乏引起变色病，随 pH 升高，缺铁失绿现象趋于严重。随着土壤 pH 由 4.5 增至 6.0，兔眼蓝莓生长和产量逐渐下降，而当 pH 升至 7.0 时，植株开始死亡。同时，土壤 pH 升高时，不仅影响蓝莓对铁的吸收，而且容易造成对钙、钠吸收的过量，不利于蓝莓的生长。当然，不同种类、不同品种适宜的土壤 pH 范围也有所不同。另外，土壤的 pH 对蓝莓果实中的重要功能成分花青素的积累也有影响。研究表明，当土壤 pH 在 4.0～5.0 时，蓝莓果实中花青素的含量最多，尤其在 pH 为 4.5 时蓝莓花青素的积累达到最大值，此时的土壤酸碱环境不仅有利于蓝莓花青素的积累，而且对蓝莓的生长也起到了明显的促进作用。其原因是花青素为含酮类化合物，在微酸性条件下，酮类化合物中的羰基容易结合氢离子形成带正电荷的羟基，从而有利于花青素的合成。而土壤碱性过高，对花青素的积累有抑制作用。

3. 菌根

蓝莓属于浅根系、无根毛植物，自然条件下常年生长，与菌根真菌形成互惠共生关系，具有促进宿主植物对营养元素的吸收、增强植物的生长势、改良根系环境以及增强植物对病虫害的抵抗能力等作用，这在很大程度上弥补了蓝莓根系结构在吸收水分、养分上的缺陷。菌根是某些真菌侵染植物根部时与其形成的共生体。菌根侵染可以促进蓝莓的生长并提高其产量，这已被许多研究证明。在自然状态下，蓝莓都有菌根真菌寄生。在美国北卡罗来纳州，野生蓝莓群丛中菌根感染率达 85%。侵染蓝莓的菌根真菌统称为石楠属菌根，专寄生石楠属植物。目前已发现侵染蓝莓的菌根真菌有十余种，其中比较普遍的有子囊盘菌根菌（*Perzilla ericace*）、共生真菌柱顶孢（*Scytadidium vaccinii*）等。菌根真菌对蓝莓的侵染对蓝莓生长发育及养分吸收的重要作用，可归纳如下：

菌根在土壤中能代替蓝莓的根毛吸收磷、铁等营养元素和水分，并能阻止磷从蓝莓根向外排泄。菌根真菌还可以分泌有机酸，促使不易溶解的无机和有机化合物转化为可溶态养分，被蓝莓吸收。在自然条件下，蓝莓生长的酸性有机土壤中能被根系直接吸收利用的氮含量比较低，而不能被根系吸收的有机态氮含量很高。据调查，蓝莓生长的典型土壤中可溶性有机氮占 71%，而可交换和不可交换的 NH_4^+ 只占 0.4%。菌根侵染后，通过真菌的自身代谢以及与蓝莓根系中物质的交流作用，促进根系直接吸收和利用有机态氮。研究发现，对蓝莓接种真菌形成菌根后，植株氮的含量可以提高 17%。此外，在对人工接种菌根的研究中还发现，菌根对促进蓝莓对难溶性磷以及钙、硫、锌和锰等元素的吸收都有明显的作用。

蓝莓生长的酸性土壤 pH 比较低，使土壤中重金属元素（如铜、铁、锌和锰等）可利用水平很高，导致植株容易由于重金属吸收过量而中毒，引起生理病害甚至植株死亡。菌根真菌的一个重要作用是，当土壤中可利用重金属元素含量过高时，根皮细胞内的真菌菌丝可以主动吸收过量的重金属离子，缓解蓝莓植株对重金属元素被动吸收的压力，防止植株重金属中毒。通过提高土壤有机质的含量，可以有效地增加菌根真菌对蓝莓根系的侵染。这主要是因为土壤有机质含量增加，能够改善土壤的通气状况，促进菌根真菌的生长，提高其侵染效率。另外，有效降低土壤的 pH，也能够在一定程度上提高菌根真菌的侵染效率。

4. 有机质

土壤有机质可以改善土壤环境，增强土壤透气性，促进植物根系生长发育，防止水土流失，是决定蓝莓植株长势的一个重要因素。土壤有机质含量不能低于 3%，否则会使土壤的透气性降低，影响蓝莓植株对矿质元素的吸收，生长发育不良。土壤有机质是有机物分解和积累的平衡结果，可以分为溶解性有机碳和活性有机质。土壤中溶解性有机碳的主要来源是腐殖质，活性有机质主要指土壤中的微生物。腐殖土中含有大量的由动植物残体经自然分解氧化产生的物质，称之为腐殖质。腐殖质在缺氧的环境下可以作为氧化剂，直接参与生态系统的碳循环过程，使土壤中有机质含量升高，利于蓝莓生长发育。腐殖质通过呼吸作用还能降低土壤中重金属污染，对土壤的改良具有重要意义。将水稻秸秆、玉米秸秆或锯末粉碎后覆盖于植株垄面，可以提高蓝莓植株菌根侵染率，促进蓝莓生长，同时保持土壤温度和湿度，可以控制杂草生长。覆盖秸秆增加有机质的效果较明显，适合蓝莓种植。秸秆使土壤脲酶、碱性磷酸酶、脱氢酶和转化酶活性增强，土壤中微生物增多，大大提高了土壤的质量。然而，秸秆在土壤中会消耗氮素，如果秸秆使用过量而且没有施加氮肥，会导致蓝莓生长缓慢，产量降低。土壤覆盖白三叶能够增加有机质含量，还可以防止土壤板结，对杂草有一定的防除效果。在蓝莓种植时，土壤中混入适量具有生物活性的苔藓等，可以有效提高菌根侵染率，进而提高蓝莓产量。生物炭可以提高土壤中有机质含量，土壤中的微生物可以将生物炭转化为腐殖质碳，提高土壤中有机质的含量，促进土壤中物质循环，提高土壤养分，但生物炭呈碱性，在栽培蓝莓时应该全面考虑各种相关因素适量加入。

二、蓝莓优良品种的判定

选择良种，在适宜的生态区和无污染的环境里种植，采用无污染优质、高效的栽培技术，才能生产出大量的优质、无公害（安全）的蓝莓果品。品种是优质（无公害）、高产的基础，种植优良的品种与种植一般品种相比，在相同产地、相同栽培管理条件下更能获得丰产，确保果实品质优质、安全。蓝莓优良品种应具备"三性"，即丰产性、优质性和安全性。丰产性即适应性广，抗逆性（寒热、旱涝、病虫等）强，易栽，易管，易达到丰产。优质性即果实的品质要优，既有好（美）的外观，又有优（上等）的品质，果实为消费者青睐。安全性，通常不是优良品种先天所有，但环境不好、栽培管理不当，则易使品种受污染而导致果实的食用不安全。随着生活水平提高，人们将更加关心食品（果品）的安全性，所以，要把果品的安全性提到首要的位置。

（一）和蓝莓品种描述相关的概念

关于蓝莓品种，一般是指蓝莓的南高丛、北高丛及兔眼等品种群的品种。虽然我国部分大学和科研机构近年来也在进行蓝莓育种工作，但目前还没有自主选育的蓝莓品种应用于生产，生产上应用的都是国外选育的品种。由于前期我国的专家学者对蓝莓的品种采用音译或者意译两种方式定名，所以经常造成同物异名的现象，例如 Duke，有的称为公爵，有的称为都克、杜克等，而原文名一般是唯一的，为避免混乱，我们对蓝莓所有品种的中文名字后注明原文名，以方便大家对品种进行比较和识别。

蓝莓的品种选育是一个动态的过程，为了体现品种选育的动态过程，并让种植者及时了解最新的品种动态，对蓝莓品种的描述按全世界主栽品种、区域性栽培品种和近年来新选育的品种三部分进行介绍，而对应用价值较低的部分品种不进行介绍。一般全世界主栽品种的栽培时间都很长，是经历了不同地区栽培实践筛选出来的品种，也是我国的蓝莓产业应该重点选择的品种，其余两类品种可以积极试栽，为进一步丰富我国蓝莓主栽品种奠定基础。

蓝莓品种的描述涉及以下概念，在此进行统一说明如下。

(1) 蓝莓的成熟期　蓝莓的成熟期主要取决于正常气候条件下从开花到果实开始成熟所需要的天数，由此可将蓝莓的成熟期分为以下几种：

① 极早熟：在正常的气候条件下，从开花到果实成熟的时间小于45天。

② 早熟：在正常的气候条件下，从开花到果实成熟需要45～50天。

③ 中早熟：在正常的气候条件下，从开花到果实成熟需要50～55天。

④ 中熟：在正常的气候条件下，从开花到果实成熟需要55～60天。

⑤ 中晚熟：在正常的气候条件下，从开花到果实成熟需要60～65天。

⑥ 晚熟：在正常的气候条件下，从开花到果实成熟需要65～75天。

⑦ 极晚熟：在正常的气候条件下，从开花到果实成熟的时间大于75天。

兔眼蓝莓系列在上述的标准中应该增加45天，例如兔眼的极早熟品种从开花到果实成熟就应该为90天，依此类推。

(2) 蓝莓的需冷量　指蓝莓完成自然休眠对低温累计时间的要求，南高丛蓝莓和兔眼蓝莓系列品种的需冷量依品种不同变化较大，所以对这一类品种的需冷量按品种逐一描述，而对常绿品种的需冷量一般描述为需冷量极低。北高丛及半高丛的蓝莓品种的需冷量变化不大，都在800h以上，故对此类品种未做逐一描述。

(3) 蓝莓的树形　树冠形状分为直立、半开张、开张。

(4) 蓝莓的树势　树势分为极强、强、中等、弱。

(5) 蓝莓的果肉　果肉硬度分为高、较高、较软。

(6) 蓝莓的果蒂　果蒂痕分为小、较小、中等、较大、大。

（7）蓝莓的果实 果实大小分为极大、大、中等偏大、中等大小、中等偏小、小。

（二）优良蓝莓品种的标准

一百多年来，蓝莓育种工作者一直在选育具有不同特点的蓝莓品种以满足不同地区蓝莓发展的需求。作为一个地区的主栽品种应该具有以下共同的标准，这些标准也是我国蓝莓产区选择品种时所必须综合考虑的因素。

① 果实尽量大，果面的果粉要厚而白，果蒂痕小，果实采收时容易从果柄分离开，果肉硬度高，耐储运。

② 对气候条件的适应性强，抗逆性强，例如选育需冷量低的品种以满足温暖地区栽培和温室栽培等。

③ 丰产性好，达到盛果期的时间短，自花结实率高等。

④ 果实风味佳、香味浓郁、糖酸比适宜且酸甜适口等。

三、优良品种选择的原则

（一）良种的"三性"

坚持良种的"丰产性、优质性和安全性"有利于蓝莓生产达到"优质、丰产、安全（无公害）和高效"的目的。

（二）时间性和地域性

除优良品种上述的"三性"以外，良种还应具有时间性和地域性。时间性是指任何优良品种，不可能永久是优良品种，由于科学技术的进步，优良品种不断推出，不断取代相形见绌的品种。人们常说过去的良种不等于是现在的良种，现在的良种不等于是将来的良种。地域性是指良种适应性再广也受地域的限制，即任何良种只适宜于一定的范围种植。不同的良种只不过是适种范围大小不同而已，甲地适栽的良种，不一定在乙地适宜种植，反之也如此。了解蓝莓良种的时间性和地域性，在蓝莓生产中与时俱进，因地制宜，是蓝莓种植克服盲目性、增加科学性、实现可持续发展的良方。

（三）喜新不厌旧

科学技术不断进步，不断推出新品种（品系），使蓝莓品种更新、结构调优有了物质基础。所以，从总体上看，推出的新品种（品系），以"三性"衡量，无疑比老品种（品系）好。鉴于此点，种植者对新品种应积极引种、试种。但也必须清醒地认识到，任何新品种都有优点（势），但也会有不足，而且有时间性。老品种之所以能长期以来得以栽培，肯定也有其自身的优势，只是新品种的问世推广或产量过多等原因，使其相形见绌、市场缩小，甚至消失。所以，新品种（品系）逐步取代老品种是好事，但随着老品种的被取代，产量减少，有时又出现对老品种的需求，此属"物以稀为贵"。综上所述，选择良种应坚持喜新不厌旧（老），对新品种要喜欢，但不是听到新品种就好，就盲目引种种植，对新品种应采取既积极又科学的态度。对老品种，要积极改造换新，对仍可能有优势、有市场需求的品种，要提纯选优，适量种植也是必要的。

四、优良品种介绍

蓝莓是最晚实现栽培化的果树之一，其野生资源比较丰富。蓝莓的驯化始于20世纪。1906年，美国果树学家Coville首先开始蓝莓品种的选育工作。这个新产业对于美国农业的重大意义在于为那些过去一向认为毫无利用价值的强酸性土壤找到了利用途径，而且美国开发蓝莓的历史对于我国红壤地区的开发利用很有启发。

蓝莓树体差异显著，兔眼蓝莓可高达7m以上，生产上控制在3m以下；高丛蓝莓多为2～3m，生产上控制在1.5m以下；矮丛蓝莓一般15～50cm；红豆蓝莓一般15～30cm；而蔓蓝莓只有5～15cm。果实大小0.5～2.0g，多为蓝色、蓝黑色或红色。从生态分布上，从寒带到热带都有分布。根据其树体特征、果实特点及区域分布，蓝莓品种划分为兔眼蓝莓品种群、南高丛蓝莓品种群、北高丛蓝莓品种群、半高丛蓝莓品种群和矮丛蓝莓品种群。

（一）兔眼蓝莓品种群

该品种群的品种树体高大，寿命长，抗湿热，且抗旱抗寒能力差，-27℃低温可使许多品种受冻，对土壤条件要求不严。适宜于我国长江流域以南、华南等地区的丘陵地带栽培。向南方发展时要考虑栽培地区是否能满足300~800h低于7.2℃的需冷量；向北发展时要考虑花期霜害及冬季冻害。主要优良品种如下。

1. 阿拉帕霍（Alapaha）

由美国佐治亚州2001年选育的早熟品种，花期比顶峰（Climax）晚，但成熟期相同，需冷量为450~500h，树冠直立，树势强，丰产，果实中等大小，果肉硬度高，风味好，果蒂痕小而干，自花结实率高，不易裂果。

2. 奥斯丁（Austin）

由美国佐治亚州1996年选育的早熟品种，比顶峰（Climax）的花期和成熟期均晚几天，需冷量为450~500h，树冠直立，树势强，丰产，适应性强，果实大，果肉硬度较高，风味较好，果蒂痕较小，需要配置授粉树。

3. 灿烂（Britewell）

美国佐治亚州1981年选育的中早熟品种，需冷量为450~500h，树势强，树冠直立，丰产，适应性强，果实中等偏大，果肉硬度较高，果蒂痕较小，遇雨容易裂果，风味较好而甜。灿烂是全世界近15年来栽培最普遍的兔眼蓝莓品种，也是我国南方蓝莓产区的主栽品种。

4. 布莱特蓝（Briteblue）

布莱特蓝是美国佐治亚州 1969 年选育的晚熟品种，需冷量为 600h 左右，树冠半开张，树势中等，果实大，果肉硬度高，果蒂痕小而干，香味浓，但充分成熟前果实风味偏酸，适合自采果园。

5. 百夫长（Centurion）

美国北卡罗来纳州 1978 年选育的晚熟品种，比梯芙蓝（Tifblue）晚 1～2 周成熟，需冷量为 600～700h，树冠直立，树势强，丰产，果实中等大小，果肉硬度较高，果蒂痕较小，遇雨后容易裂果。

6. 顶峰（Climax）

美国佐治亚州 1974 年选育的早熟品种，需冷量为 400h 左右，树冠半开张，树势中等，果实中等大小，果肉硬度高，果蒂痕较小，风味佳，成熟期集中，但该品种易受晚霜危害，并易受花蓟马危害，所以其发展受到限制。

7. 巨丰（Delite）

美国佐治亚州 1969 年选育的中熟品种，需冷量为 500h 左右，树冠直立，树势中等，果实中等偏大，果肉硬度较高，果蒂痕较小，风味浓郁、甜。由于该品种极易感染蓝莓锈病，对土壤条件敏感，所以目前很少栽培。

8. 爱尔兰（Ira）

美国北卡罗来纳州 1997 年选育的晚熟品种，需冷量为 700～800h，树冠直立，树势强，花期较晚，不易受晚霜危害，自花结实率高，果实中等大小，果肉硬度较高，果蒂痕较小，果实有香味，耐储运，比较适合自采果园。

9. 马鲁（Maru）

由新西兰 1992 年选育的极早熟品种，需冷量为 600～750h，树冠半开张，树势强，丰产，果实大，果肉硬度高，风味较好。

10. 奥克拉卡（Ochlockonee）

美国佐治亚州 2002 年选育的极早熟品种，需冷量为 600～700h，树冠直立，树势中等，极丰产，花期晚不易受晚霜危害，果实大，果肉硬度较高，果蒂痕小，风味甜，需要配置授粉树，雨后不易裂果。

11. 粉蓝（Powderblue）

美国北卡罗来纳州 1978 年选育的中晚熟品种，需冷量为 550～600h，树冠直立，树势强，丰产，自花结实率低，需配置授粉树，果实中等偏大，果肉硬度较高，果蒂痕较小，风味较好，不易裂果。我国蓝莓产区有部分栽培。

12. 杰兔（Premier）

美国北卡罗来纳州 1978 年选育的早熟品种，需冷量为 550h 左右，树势强，丰产，自花结实率低，需配置授粉树，果实大，果肉硬度较高，果蒂痕较小，风味较好，需要及时采收以保持果肉的硬度，后期的花经常花冠不全或者缺失形成畸形花。我国蓝莓产区有部分栽培。

13. 拉希（Rahi）

由新西兰 1992 年选育的晚熟品种，需冷量为 600～750h，树冠开张，树势强，较丰产，果实中等大小，果肉硬度高，风味佳。

14. 梯芙蓝（Tifblue）

美国佐治亚州 1955 年选育的中晚熟品种，需冷量为 600～700h，树冠直立，树势强，丰产，自花结实率低，需要配置授粉树，果实中等大小，果肉硬度较高，果蒂痕小，风味较好，雨后易裂果。20 世纪90 年代前梯芙蓝为兔眼蓝莓的主栽品种，目前很少栽植。我国蓝莓产区有栽培。

15. 乌达德（Woodard）

由美国佐治亚州 1960 年选育的中早熟品种，需冷量为 350～400h，树冠开张，幼树时期树势弱，成年时期树势强，果实大，果肉硬度较软，果蒂痕中等，果实风味佳，但易受晚霜危害。由于果肉软，不适于鲜果远销。

16. 中央蓝（Centra Blue）

由新西兰 2008 年选育的极晚熟品种，需冷量为 600～750h，树冠半开张，树势中等，果实大，果蒂痕小，果肉硬度高且沙质极低，适口性好。

17. 哥伦布（Columbus）

美国北卡罗来纳州 2003 年选育的中熟品种，成熟期比梯芙蓝稍早，需冷量为 600h 以上，树冠半开张，树势中等，丰产，自花结实率低，需要配置授粉树，果实大，果肉硬度高，果蒂痕中等，风味较好，香味浓郁，耐储运，雨后不易裂果。

18. 德索托（Desoto）

美国密西西比州 2003 年选育的中晚熟品种，需冷量为 600h 以上，树冠半开张、半矮化，成年树高不超过 2m，树势强，果实中等偏大，果肉硬度高，果蒂痕小，风味较好。

19. 海洋蓝（Ocean Blue）

由新西兰 2010 年选育的中熟品种，需冷量为 600～750h，树冠半开张，树势中等，果实中等大小，果蒂痕小，果肉硬度高且沙质低，风味甜。可以作为鲜食中熟品种试栽。

20. 昂丝萝（Onslow）

美国北卡罗来纳州 2001 年选育的中晚熟品种，需冷量为 600h 以上，树冠直立，树势强，自花结实，果实大，果肉硬度较高，果蒂痕小，风味好，香味浓郁。

21. 罗伯逊（Robeson）

美国北卡罗来纳州 2007 年选育的早熟品种，需冷量为 400～600h，树冠直立，树势强，在 pH 较高的土壤上能较好地生长，果实中等大小，果蒂痕小，但果肉硬度较软。

22. 香薄荷（Savory）

由美国佛罗里达州 2004 年选育的早熟品种，需冷量为 300h 左右，树冠半开张，容易结果过多，果实大，果肉硬度高，果蒂痕小，风味好，但易受花蓟马危害，花期早易受晚霜危害。

23. 沃农（Vernon）

由美国佐治亚州 2004 年选育的早熟品种，需冷量为 450～500h，树冠开张，树势强，果实大，果肉硬度较高，风味甜，但需要配置授粉树。由于果实品质好，适宜长途运输及储运，近年来栽培面积增加较快。

24. 巨人（Titan）

需冷量低，对细菌性溃疡（bacterial canker）具有很好的耐性，抗寒性中等。中晚熟，果实大，硬度高，亮蓝色，最大果重 3g 以上。树冠直立，用于商业鲜果。不能自花结实，应该与其他兔眼蓝莓品种一起种植。

25. 夏暮（Summer Sunset）

需冷量 300～500h，是好吃又能观赏的品种，在园林景观中应用效果非常好，果实颜色不断变化：由黄绿色、橘红色、红色，到红紫色，最终变成深蓝色或黑色成熟。在庭院中用红粉佳人搭配夏暮形成明显反差对比。成树高 1.2m，做绿篱很棒。果实中等大小，刚成熟时酸，挂在树上一段时间逐渐变得更甜。栽培中需要用其他兔眼蓝莓品种授粉，授粉品种推荐用红粉佳人（Pink Lemonade）。

（二）南高丛蓝莓品种群

南高丛蓝莓喜湿润、温暖的气候条件，需冷量低于 600h，抗寒力差，适于我国黄河以南如华东、华南地区栽培。与兔眼蓝莓品种相比，南高丛蓝莓具有成熟期早、鲜食风味佳等特点。在山东青岛 5 月底到 6

月初成熟，南方地区成熟期更早。这一特点使南高丛蓝莓在我国南方的江苏、浙江、贵州、四川、云南等省具有重要的栽培价值。

1. 绿宝石（Emerald）

早熟品种，由美国佛罗里达州 1991 年选育，需冷量为 250h 左右，植株生长比较旺盛，树冠开张，产量高，果实大，果肉硬度高，果实颜色为中等蓝色，果蒂痕中等，果实风味极佳，抗茎腐病和溃疡病，但该品种盛花期较早，要注意晚霜危害。我国蓝莓产区已经开始试栽。

2. 珠宝（Jewel）

中熟品种，由美国佛罗里达州 1998 年选育，需冷量在 200h 左右，树势旺盛，树冠较开张，果实大，果肉硬度较高，果实淡蓝色，果蒂痕较小，风味微酸。该品种春季展叶较慢，容易感染叶部病害，极易形成花芽而导致树体结果过多。我国蓝莓产区已经开始试栽。

3. 莱格西（Legacy）

中晚熟品种，由美国农业部 1988 年选育，需冷量为 400～600h，树冠直立，树势强，抗寒，果实中等大小，果肉硬度高，果实粉蓝色，果蒂痕小。我国蓝莓产区有部分栽培。

4. 密斯提（Misty）

中熟品种，由美国佛罗里达州 1989 年选育，低温需冷量为 150h 左右，树冠较开张，树势旺盛，低温不足地区叶芽萌发率较低，但经过单氰胺处理后可以显著提高萌芽率，采收期较长，修剪宜重以避免树体负担量过多，果实中等大小，果肉硬度高，果蒂痕小，果实风味较好。

5. 奥尼尔（O'Neal）

早熟品种，由美国北卡罗来纳州 1987 年选育，需冷量为 400h 左右，树冠直立，果实大，果肉硬度较高。

6. 奥扎克蓝（Ozarkblue）

晚熟品种，由美国阿肯色州 1996 年选育，需冷量为 $600\sim800h$，树冠直立，树势强，果实中等大小，果肉硬度高，果蒂痕小，果实较甜。

7. 明星（Star）

由美国佛罗里达州 1981 年选育，早熟品种，低温需冷量为 $400h$ 左右，树冠较直立，树势中等，果实大，果肉硬度高，果蒂痕小，风味佳，耐储运。

8. 比洛克西（Biloxi）

由美国密西西比州 1998 年选育的早熟品种，低温需冷量低于 $500h$，树冠较直立，树势强，极易丰产，果实中等偏小，果肉硬度高，果蒂痕中等，风味较好。

9. 千禧（Millennia）

由美国佛罗里达州 1986 年选育的早熟品种，低温需冷量为 $300h$ 左右，树冠开张，树势强，极易丰产，果实大，果肉硬度高，果蒂痕小，风味一般。

10. 蓝宝石（Sapphire）

由美国佛罗里达州 1980 年选育的早熟品种，低温需冷量为 $200h$ 左右，树冠半开张，树势中等，极易丰产，果实中等大小，果肉硬度高，果蒂痕小，风味佳。

11. 夏普蓝（Sharpblue）

由美国佛罗里达州 1976 年选育的早熟品种，低温需冷量低于 $150h$，可以不落叶持续生长，树冠半开张，树势极强，极易丰产，果实大，果肉硬度较高，果蒂痕中等，风味佳，果实品质极易受高温影响，曾经是佛罗里达州主栽品种，目前不再种植。

12. 温莎（Windsor）

由美国佛罗里达州 2000 年选育的中熟品种，低温需冷量为 300～500h，树冠开张，树势强，萌芽率高，果实大，果肉硬度高，果蒂痕小，风味佳，栽培较少。

13. 丰裕（Abundance）

由美国佛罗里达州 2006 年选育的中早熟品种，低温需冷量为 300h 左右，树冠直立，树势极强，萌芽率高，丰产，果实大，果肉硬度高，果蒂痕小而干，果肉清脆，风味佳。

14. 阿尔巴（Alba）

由西班牙 2009 年选育的中熟品种，需冷量极低，树冠直立，果实风味酸甜，果肉硬度较高，可以不落叶持续生长，自花结实率低，需要配置授粉树。

15. 阿伦（Arlen）

由美国北卡罗来纳州 2000 年选育的晚熟品种，低温需冷量为 700h 左右，树冠直立，树势强，自花结实率高，果实大，果肉硬度较高，果蒂痕小，风味佳。

16. 博福特（Beaufort）

由美国北卡罗来纳州 2005 年选育的中晚熟品种，低温需冷量为 600～700h，树势极强，自花结实率低，需要配置授粉树，果实中等大小，果肉硬度较高，果蒂痕小，风味佳。

17. 蓝脆（Bluecrisp）

由美国佛罗里达州 1997 年选育的中熟品种，低温需冷量为 500～600h，树冠半开张，树势中等，萌芽率高，果实中等大小，果肉硬度高，果蒂痕小，果肉清脆，风味佳。

18. 卡梅莉亚（Camellia）

由美国佐治亚州 2005 年选育的中早熟品种，低温需冷量为 450～500h，树冠直立，树势强，果实大，果蒂痕小，果肉硬度较高，风味佳。

19. 卡特里特（Carteret）

由美国北卡罗来纳州 2005 年选育的中晚熟品种，低温需冷量为 600～800h，树冠直立，果实小，果肉硬度较高，果蒂痕小，风味较好。

20. 天青（Celeste）

由西班牙 2010 年选育的中熟品种，需冷量极低，树冠直立，树势极强，能适应于各种类型的土壤，果实货架期长，风味极佳。

21. 科罗纳（Corona）

由西班牙 2009 年选育的中熟品种，需冷量极低，果实极大，果蒂痕中等，风味较好，植株常绿，树冠开张，树势极强，能适应各种类型的土壤，但需要异花授粉。

22. 克雷文（Craven）

由美国北卡罗来纳州 2003 年选育的中早熟品种，低温需冷量为 600～700h，树冠直立，树势强，果实中等大小，果肉硬度较高，果蒂痕小，风味较好。

23. 多洛莉丝（Dolores）

由西班牙 2009 年选育的中熟品种，需冷量极低，果实极大，果肉硬度较高，果蒂痕中等，风味中等，花萼不易脱落。

24. 迪克西（Dixi）

由美国农业部和美国密西西比州 2005 年共同选育的中熟品种，需冷量为 500h 左右，树势强，树冠半开张，果实中等偏大，果蒂痕较小，果肉硬度较高，风味较好。

25. 法新（Farthing）

由美国佛罗里达州 2008 年选育的早熟品种，低温需冷量为 300h 左右，树冠半开张，树势中等，萌芽率高，花期较晚，极易丰产，果实中等偏大，果蒂痕小，风味微酸。

26. 闪烁（Flicker）

由美国佛罗里达州 2010 年选育的早熟品种，低温需冷量为 200h 左右，植株常绿或者落叶，部分年份萌芽较差，果实大，风味甜，果肉硬度高，果蒂痕小而干，耐储运，果穗松散。

27. 盖普顿（Gupton）

由美国密西西比州 2005 年选育的中熟品种，需冷量为 500h 左右，树势强，树冠直立，果实中等偏大，果蒂痕较小，果肉硬度较高，风味较好。

28. 红鹰（Kestrel）

由美国佛罗里达州 2010 年选育的极早熟品种，植株常绿，果实大，果肉硬度高，风味浓郁、甜，果穗比较疏松，采收容易。

29. 勒诺（Lenoir）

由美国北卡罗来纳州 2003 年选育的中熟品种，需冷量为 600～700h，树冠半开张，果实中等偏小，果肉硬度较高，风味较好，果蒂痕较小。

30. 卢塞罗（Lucero）

由西班牙 2009 年选育的中熟品种，需冷量极低，植株常绿，树冠直立，果穗较紧，适合机械采收。

31. 露西娅（Lucia）

由西班牙 2009 年选育的晚熟品种，需冷量极低，冬季植株落叶，树冠开张，果实风味佳、甜，果肉硬度高，需要异花授粉，适宜在排水良好的露地栽培。

32. 麦都拉克（Meadowlark）

由美国佛罗里达州 2010 年选育的极早熟品种，需冷量极低，果实风味较好，酸甜适口，果穗比较疏松，采收容易，果实成熟后在树上可以较长时间保持品质不变。

33. 新汉诺威（New Hanover）

由美国北卡罗来纳州 2005 年选育的中早熟品种，需冷量为 600～800h，树冠直立，但结果过多时枝条柔软下垂，果实中等偏大，果肉硬度高，颜色美观，果蒂痕小但湿，风味微酸。

34. 帕尔梅托（Palmetto）

由美国佐治亚州和美国农业部 2003 年共同选育的早熟品种，同一栽培园内，比明星早 2～4 天成熟。需冷量为 300～450h，树冠开张，树势中等，花期早易受晚霜危害。果实中等大小，风味极佳，特甜，香味浓郁，果肉硬度高，风味较好，果蒂痕中等大小，耐储运；八九成熟时口味、口感已令人愉快，因此具有提前采摘的潜力。最佳授粉树：宝石、绿宝石等。英文文献记载对土壤 pH 适应可达 6.2，实地观察一生长年，在 pH 6.0 以下土壤中长势及结果良好。

35. 寨选 4 号（Zhaixuan4）

"寨选 4 号"是从美国引进品种（"NC1688"×"NC1526"）的杂交后代实生群体中选育而成的南高丛蓝莓新品种。该品种平均株高 86.42cm，平均冠幅为 116.42cm×111.92cm，半常绿，叶色深，丰产性好，适应性强，较耐土壤黏重的立地，土壤 pH 4.0～6.0 条件下生长较好；果早熟，成熟期为 6 月初至 6 月下旬；浆果蓝紫色，果面白粉明显，平均单果质量（1.54±0.27）g，果径中到小，横径（1.32±0.09）cm，纵径（1.06±0.06）cm；果实可溶性固形物含量为（质量分数）10.0%～12.5%，酸含量为（质量分数）0.40%～0.60%，口感味较甜，加工和鲜食兼用。适宜栽培区域为我国长江流域及以南多数地区。

36. 寨选 7 号（Zhaixuan7）

"寨选 7 号"是从美国引进品种（"NC1074"×"US237"）的杂交后代实生群体中选育而成的南高丛蓝莓新品种。植株灌木状，半常绿，平均株高 166.56cm，平均冠幅 165.78cm×151.88cm，适应性强，生长旺盛，丰产性好。花白色，呈"钟状"，花期 3 月下旬至 4 月初。果实早熟，果熟期 5 月下旬至 6 月中旬；果实呈蓝紫色，表面白粉明显，平均单果质量 1.50～1.70g，中等大小，果实平均横径 1.35cm，平均纵径 1.09cm；果实含可溶性固形物 10.50%～13.50%，含酸 0.25%～0.40%，口感甜，品质优良。较耐土壤黏重的立地，土壤 pH 4.0～6.0 条件下生长良好。适宜栽培区域为我国长江流域及以南多数地区。

（三）北高丛蓝莓品种群

北高丛蓝莓喜冷凉气候，抗寒力较强，有些品种可抵抗－30℃低温，适于我国北方沿海湿润地区及寒地栽培。此品种群果实较大，品质佳，鲜食口感好，可以作鲜果市场销售品种栽培，也可以加工或庭院栽培，是目前世界范围内栽培最为广泛、栽培面积最大的品种类群。

1. 奥萝拉（Aurora）

由美国密歇根州 2003 年选育的极晚熟品种，树势强，丰产性强，极抗寒，果实大，果肉硬度较高，果蒂痕小，风味偏酸。奥萝拉作为新的晚熟品种开始在冬季比较寒冷地区大量栽培，但因为风味问题，目前栽培速度变慢，我国蓝莓产区已经开始试栽。

2. 蓝丰（Bluecrop）

由美国新泽西州 1952 年选育的中熟品种，树冠直立，结果量过多时枝条容易下垂，丰产性好，抗寒，果实中等偏大，果肉硬度较高，果蒂痕小，风味好，是全世界栽培面积最大的北高丛蓝莓品种，也是中国栽培面积最多的北高丛蓝莓品种。

3. 柯罗坦（Croatan）

由美国北卡罗来纳州和阿肯色州 1954 年选育的早熟品种，极丰产，树冠直立，果实品质中等，抗寒性中等，果实较软，风味较好，但在高温条件下成熟过快。

4. 德雷珀（Draper）

由美国密歇根州 2003 年选育的中早熟品种，树冠直立，树势中等，抗寒性强，果实大，果肉硬度高，果蒂痕小，风味好，耐储运，作为新的品种开始在冬季比较寒冷地区大量栽培。我国蓝莓产区已经开始试栽。

5. 都克（Duke）

由美国新泽西州和美国农业部 1986 年共同选育的极早熟品种，树冠直立，在栽培管理水平较低的情况下，树势会随着栽培年限的增加而很快衰弱，栽培中要格外重视土壤改良，抗寒性较强，但是，该品种根系容易受低温伤害，在寒冷地区应该注意根系防寒，果实中等偏大，果肉硬度高，果蒂痕中等，风味甜而清香、淡雅，是全世界温带地区栽培最广泛的早熟品种。我国蓝莓产区也开始作为主栽品种进行栽培。

6. 埃利奥特（Elliott）

由美国密歇根州和美国农业部 1973 年共同选育的晚熟品种，树冠直立，抗寒性强，果实中等大小，果肉硬度较高，果蒂痕较小，风味较酸，作为晚熟品种在世界范围内栽培广泛。我国蓝莓产区也有栽培，但是由于风味偏酸，种植面积不大。

7. 泽西（Jersey）

由美国新泽西州 1928 年选育的中晚熟品种，树冠直立而且高大，抗寒性强，果实中等大小，果肉硬度较软，果蒂痕中等，风味较好，对不同土壤类型的适应性强。我国蓝莓产区有少量种植。

8. 利珀蒂（Liberty）

由美国密歇根州 2003 年选育的晚熟品种，树冠直立，树势强，丰产，抗寒性强，果实大，果肉硬度高，果蒂痕小，风味好，作为新的晚熟品种在温带种植区具有巨大的发展潜力。我国蓝莓产区已经开始试验栽培。

9. 蓝金（Bluegold）

由美国农业部 1988 年选育的中晚熟品种，树冠矮小、分枝多，抗寒性强，果实中等大小，果蒂痕较小而干，风味较好，果肉硬度高，丰产。我国寒冷蓝莓产区有部分栽培。

10. 蓝鸟（Bluejay）

由美国密歇根州 1978 年选育的中早熟品种，树冠直立，生长迅速，产量中等，树势强，丰产，抗寒性强，果实中等大小，果肉硬度较高，果蒂痕小，风味微酸，国外主要采用机械采收，作为加工果利用。

11. 蓝线（Blueray）

由美国新泽西州 1959 年选育的中早熟品种，树冠直立，抗寒性强，果实大，果肉硬度高，果蒂痕中等，风味好，修剪不当容易结果过多。我国蓝莓产区有少量种植。

12. 蓝塔（Bluetta）

由美国新泽西州和美国农业部 1968 年共同选育的极早熟品种，树冠矮小，枝条生长量小，丰产性中等，果实中等大小，果肉硬度较高，风味较好。我国蓝莓产区有少量种植。

13. 布里吉塔（Brigitta）

由澳大利亚 1980 年选育的中晚熟品种，树冠直立，抗寒性中等，果实大，果肉硬度高，果蒂痕小，耐储运，风味酸甜适口，花期温度过高不易坐果，不适合冬季温度过低的地区露地栽培。我国各蓝莓产区均有栽培，北方寒冷地区主要用于温室栽培。

14. 钱德勒（Chandler）

由美国农业部1994年选育的中晚熟品种，树冠开张，抗寒性强，果实极大，果肉硬度较高，风味稍酸，果实成熟期长，适合自采果园或者果园直接销售。我国蓝莓产区有极少量试验种植。

15. 康威尔（Coville）

由美国新泽西州1949年选育的中晚熟品种，树冠半开张，抗寒性较差，果实大，果肉硬度较高，果蒂痕中等，风味微酸。我国蓝莓产区有少量种植。

16. 达柔（Darrow）

由美国农业部1965年选育的晚熟品种，树冠矮，抗寒性较差，果实较大，完全成熟时果肉硬度较高，风味较酸，适合自采果园或者果园直接销售。我国蓝莓产区有部分种植。

17. 早蓝（Earliblue）

由美国新泽西州1952年选育的极早熟品种，树冠直立，树势强，抗寒性中等，果实中等大小，果肉硬度较高，风味较好，果蒂痕中等，果柄与果实不易分离。

18. 陶柔（Toro）

由美国农业部1987年选育的早熟品种，树冠直立，抗寒性强，果实中等大小，果肉硬度较高，果蒂痕较小，风味较好，丰产而且产量稳定。

19. 维口（Weymouth）

由美国新泽西州1936年选育的极早熟品种，树冠较矮，抗寒性强，果实中等大小，果肉硬度较软，果蒂痕中等，风味偏淡。目前很少有栽培。

20. 雄鸡（Chanticleer）

由美国农业部和美国新泽西州 1997 年共同选育的极早熟品种，树冠直立，高度中等，抗寒性强，丰产性中等，果实中等大小，果肉硬度较高，风味较好。

21. 艾克塔（Echota）

由美国北卡罗来纳州 1998 年选育的中晚熟品种，树冠半开张，树势强，抗寒性中等，自花结实率高，果实中等大小，果肉硬度高，风味偏酸，贮藏性好，货架寿命长。我国蓝莓产区有少量试栽。

22. 汉娜选择（Hannah's Choice）

由美国农业部 2005 年选育的早熟品种，树冠直立，树势强，抗寒性强，丰产性中等，果实中等大小至大，果肉硬度高，果蒂痕小，风味浓郁，果甜。

23. 休伦（Huron）

由美国密歇根州 2009 年选育的早熟品种，植株直立，树势强，抗寒性强，丰产，果实大，果肉硬度高，果蒂痕小，风味甘甜。

24. 彭德（Pender）

由美国北卡罗来纳州 1997 年选育的中熟品种，树冠半开张，抗寒性中等，自花结实率高，果实小，果肉硬度高，果蒂痕小，风味较好。

25. 森茂三号（Senmao 3）

"森茂三号"是通过"蓝丰"种子实生选育出的北高丛蓝莓新品种。中熟，果实中等大小，呈椭圆形，平均单果质量为 2.51g，3 年生植株的产量为 11896kg·hm^{-2}。果蒂痕小而干，果粉厚，果肉硬度高，平均硬度 4.0kg·cm^{-2}，耐贮藏。果实甜度大，酸度低，风味佳，适宜作为鲜食品种。

26. 森茂二号（Senmao 2）

"森茂二号"是通过"日出"种子实生选育出的北高丛蓝莓新品种。早熟，果实大，平均单果质量为 3.16g，最大果实质量为 4.2g，3 年生植株产量为 12617kg·hm^{-2}，比"日出"增产 20%。果实呈扁圆形，果粉厚且质地均匀，果蒂痕小而干，果肉硬度高，平均硬度值为 4.5kg·cm^{-2}，耐贮藏，总糖（以葡萄糖计）为 0.055g·g^{-1}，总酸（以柠檬酸计）为 2.9mg·g^{-1}，甜度大，酸度小，口感好，风味佳，适宜作为鲜食品种。

27. 超级蓝（Megasblue）

由美国俄勒冈州 2007 年选育的自花授粉结实型品种，树势强，树冠半开张，抗寒性中等，自花结实率高，果实成熟期集中，果实大，果肉硬度高，风味较好，果蒂痕小易分离，适于机械化采果。

28. 粉红香槟（Pink Champagne）

一个结粉色果实的蓝莓后代（杂交组合为 G-132×2901），遗传组成主要来自 *Vaccinium corymbosum* L.（北高丛蓝莓）与其他种质资源的混合，并具有南方血缘，四倍体。特点为早中熟，产量中等以上，果实中等大小（1.3g），暗粉红色，风味佳，果蒂痕小，果肉硬度高。粉红香槟在新泽西州被认为是第二早熟品种，在密歇根州为中熟品种。在密歇根州从 2001～2003 年观察到的正常产量为 2.7kg/株，第一批采收的平均日期是 7 月 25 日。因具有南方种质血缘，花芽会出现抗寒问题。粉红香槟株丛直立，具有典型的高丛特点。建议首先在北高丛蓝莓生长的典型地区种植，但考虑它具有南方血缘，可能也适应在更向南的区域种植。

（四）半高丛蓝莓品种群

半高丛蓝莓是北部高丛蓝莓与美国等地的野生种矮丛越橘杂交而得。该种类结合了矮丛蓝莓植株矮小、抗寒性强和高丛蓝莓果实品质优良的特点，一般树高在 50～100cm，果实比矮丛越橘大，但比高丛越橘小，抗寒力强，一般可抗－35℃低温。但是低温需冷量很高，一般在 1000h 以上。

1. 北陆（Northland）

由美国密歇根州 1968 年选育的中早熟品种，树冠直立，树势强，萌芽率高，抗寒性强，极丰产，果实中等大小，果肉硬度较软，果蒂痕较小，成熟期较为集中，风味较好，遇雨后容易裂果。北陆是我国北方蓝莓产区的主栽品种。

2. 北蓝（Northblue）

由美国明尼苏达州 1986 年选育的中早熟品种，树冠开张，萌芽率高，抗寒性强，果实中等偏大，果肉硬度较高，果蒂痕中等，风味稍微偏酸。适合我国北方寒冷蓝莓产区栽培或者自采果园栽培。

3. 北村（Northountry）

由美国明尼苏达州 1986 年选育的中早熟品种，树冠开张、较矮，萌芽率高，抗寒性强，果实小，果肉硬度较软，果蒂痕中等，风味较甜。适合我国北方寒冷蓝莓产区栽培或者自采果园栽培。

4. 北空（Northsky）

由美国明尼苏达州 1986 年选育的中熟品种，树冠很矮，抗寒性强，果实小，果肉硬度较软，果蒂痕中等，风味较甜。适合我国北方寒冷蓝莓产区栽培或者自采果园栽培。

5. 北极星（Polaris）

由美国明尼苏达州 1996 年选育的早熟品种，树冠很矮，抗寒性强，果实中等大小，果肉硬度较高，果蒂痕中等，风味较好。适合我国北方寒冷蓝莓产区栽培或者自采果园栽培。

6. 圣云（St Cloud）

由美国明尼苏达州 1991 年选育的早熟品种，树冠半开张，抗寒性强，果实中等大小，果肉硬度较高，果蒂痕小，风味较好。适合我国北方寒冷蓝莓产区栽培或者自采果园栽培。

7. 齐伯瓦（Chippewa）

由美国明尼苏达州 1997 年选育的中熟品种，树冠半开张，抗寒性强，果实中等大小，果肉硬度较高，果蒂痕中等，风味较好。适合我国北方寒冷蓝莓产区栽培。

8. 舒泊尔（Superior）

由美国明尼苏达州 2008 年选育的晚熟品种，树冠开张，抗寒性强，非常丰产，果实中等偏小，果肉硬度较高，果蒂痕中等，风味较好。适合我国北方寒冷蓝莓产区试栽。

（五）矮丛蓝莓品种群

矮丛蓝莓也称做野生蓝莓，经济价值较高的主要为狭叶越橘及其变种。与一般蓝莓品种不同，野生矮丛蓝莓植株高 5～40cm，株丛大而密，树形匍匐状。叶和小枝光滑无毛。叶片狭长。花冠白色，有红条纹。果实小，平均重约 0.28g，圆形，浅蓝色，有光泽，味甜浓。花期 4～5 月份。果实成熟早于伞房花越橘而风味与其相似。一般在 7～8 月份成熟，但在最北部收获期可延续到 9 月份。矮丛蓝莓主要依靠地下茎繁殖蔓延，定期焚烧可使其群落复壮，是纯天然的绿色食品。果实主要用作食品的加工原料，具有极高的经济价值。多数矮丛蓝莓要求＜7.2℃的低温需冷量一般在 1000h 以上。

1. 蓝莓品种 N-B-3

此品种为从美国东北部或者加拿大东部野生种中选育出的栽培早熟品种。树势弱，植株极小、直立。果实小，果肉硬度较高，甜度中等，酸味较大。果实耐贮藏。

2. 芝妮（Chignecto）

加拿大中熟品种，果实近圆形、蓝色，果粉多，叶片狭长，树体生长旺盛，易繁殖，较丰产，抗寒力强。

3. 斯卫克（Brunswick）

加拿大中熟品种，果实球形，淡蓝色，比美登略大，较丰产，抗寒性强。我国长白山区可安全露地越冬。

4. 美登（Blomidon）

此品种是从加拿大野生矮丛蓝莓杂交育成的中熟品种。果实圆形，淡蓝色，果粉多，有香味，风味独特。树势强，丰产，抗寒力极强。我国长白山区可安全露地越冬，为高寒山区发展蓝莓的首选品种。

5. 坤蓝（Cumberland）

加拿大品种，在我国长白山区栽培表现良好，生长健壮，早产，丰产，抗寒。

6. 芬蒂（Fundy）

加拿大品种，中熟品种，果实略大于美登，淡蓝色，有果粉，丰产。

第三章

蓝莓园建园技术

一、园地选择

选择适当园地是蓝莓栽培成功及生产无公害蓝莓的关键因素之一。一般来说，无论山地、平原，只要土质、气候条件适宜，周围环境无"三废"污染，均可种植蓝莓，在某一已经确定的适合蓝莓生长的区域内，需要选择最适合的地点进行蓝莓种植，对该地点的选择需要进行综合的、多方面的调查和评价。最主要的是调查气象条件、土壤条件和水资源条件3个方面。因为某一区域总体适合蓝莓的生长并不意味着该区域的所有土地都适合蓝莓的生长发育，所以在适合的区域内，还要对所选择的具体地点的气象条件、土壤条件和水资源条件等进行细致调研、科学评价。园地的选择主要考虑以下几方面。

（一）生态条件

应选在空气清新，水质纯净，土壤无污染，且远离疫区、工矿区和交通要道的地方。如在城市、工业区旁建园，应建在上风口，避开工业和城市污染源的影响。园地周围应无超标排放的氟化物、氧化硫等气体污染；地表水及地下水无重金属和氟、氰化物污染；土壤中没有重金属、六六六等农药残留的污染。

（二）地形、地势

蓝莓园用地最好是平地或丘陵缓坡地块。蓝莓是强喜光树种，园地要有充足的光照。种植在阳光充足的南坡，能明显提高产量和品质；在北坡，光照差，成熟期延迟，品质下降。不要在低洼谷地、冷空气易沉积处建园，以避免发生冻害。除此之外，地势也是需要考虑的因素，主要是考察历史上被水淹的情况，要避免选择雨季有可能被淹的地块。

（三）土壤

蓝莓种植的土壤条件往往会对整个蓝莓的生产起决定性的作用。适合蓝莓种植的土壤一般为排水良好、疏松的沙壤土，pH 最好在 4.5～5.2，土壤 EC 值在 0.3～0.8mS/cm，土壤有机质含量在 12%～18% 为最佳，园地选择时可以在生长杜鹃、算盘子、铁线蕨和松树等酸性土壤指示植物的区域建园。土壤排水性的简易判断方法：挖出 $1m^3$ 的坑，用水泵尽快注满水后，以在 1h 内坑内的水全部浸入土中为宜，排水时间超过 3h 的土壤需要慎重评价其土壤的透气性。在土壤黏重、排水不良的土壤中依靠一定的土壤局部改良措施种植蓝莓，可能在前几年可以勉强维持生产，但是随着时间的推移，蓝莓根系生长受限甚至腐烂，导致树体衰弱甚至死亡，将难以达到理想的产量、品质以及预期效益。所以切忌选择黏重、排水不良的土壤种植蓝莓。

（四）温度

温度主要考虑 1 月份的平均温度、极端低温生长季的高温持续时间、低于 7.2℃ 的低温时间等。

1 月份的平均温度在 -3℃ 以上，极端低温在 -10℃ 以上时可以采用冬季不防寒的形式栽培北高丛蓝莓，如果低于此温度必须采用冬季防寒的形式栽培北高丛蓝莓。1 月份平均气温在 -15℃ 以下，极端低温在 -25℃ 以下时，要慎重栽培北高丛蓝莓，可以采用防寒的形式栽培半高丛或者矮丛蓝莓。

在南方地区应该根据冬季低于 7.2℃ 的低温时间和夏季高于 35℃ 持续的天数进行选择，冬季持续低于 7.2℃ 的低温时间长于 1000h 的地区可以种植北高丛蓝莓，冬季持续低于 7.2℃ 的低温时间在 200～800h 的地区建议种植南高丛蓝莓或者兔眼蓝莓，少于 200h 的地区种植蓝莓应该慎重。但近年来，国外针对低需冷量的蓝莓育种进展很快，对这类需冷量极低的常绿蓝莓品种可以试验栽培。关于低于 7.2℃的低温时间的计算问题，应该强调的是持续低于 7.2℃的低温时间，而不是累计低于 7.2℃的低温时间。因为在非持续低于 7.2℃的情况下，蓝莓不能进入正常的休眠状态，例如在北方地区冷棚栽培的情况下，由于在一天中白天的温度高于 7.2℃，虽然夜间温度远远低于 7.2℃，冬季累计低温时间也远远长于 1200h 以上，但由于蓝莓不能进入正常的休眠状态，第一年冷棚生长的蓝莓仍然表现出萌芽、开花不整齐，生长衰弱等休眠不足的现象，这一现象需要南方地区在选择建园地点时给予充分的考虑。此外，蓝莓花期的气温对授粉受精亦有显著影响，花期气温低于 5℃或高于 35℃不利于花粉萌发与花粉管生长，因此花期气温可以作为蓝莓种植选择园区的一个重要指标。

夏季高温持续的时间（日最高温度高于 35℃）原则上越少越好，一般不应多于 10 天，理想的蓝莓种植地区夏季日最高温度持续高于 30℃的天数不应该多于 10 天，因为持续的高温对蓝莓的营养生长和果实发育都有不良的影响，导致果实提早成熟，含糖量低，果肉偏酸、偏软，不耐贮运，果实偏小，树体衰弱等。

关于温度的调查与评价尤其在云南、贵州等云贵高原地区应该更为慎重，因为该地区由于海拔高度的变化，在同一地区会出现气候的垂直分布带。例如，在低海拔地区可以种植南高丛蓝莓或者兔眼蓝莓，而随海拔高度的增高气温随之降低，使北高丛蓝莓有可能成为适宜的品种。

（五）降水量

降水量主要应考虑生长季的降水量和降水的时间以及强度，要避免在花期和采收期连续降雨。花期连续降雨会造成灰霉病蔓延，采收期连续降雨会影响果实的品质和耐贮性以及货架寿命。原则上，在能保证灌溉的条件下，生长季降雨应越少越好。由于我国大多数地区都属于雨热同季，所以花期遇雨或者采收期遇雨是很普遍的问题，这就要求在园址选择时要尽量减少生长季降雨对蓝莓生产的影响。一般降雨后 48h 之内的果实不适宜作鲜果远距离销售,这可以作为生长季降水量评价的一个参考指标。

(六)早晚霜时期

晚霜的时期与蓝莓的花期是否重叠要注意做好判断。如果蓝莓花期发生晚霜危害的概率较高,就要尽量避免选择这样的地点,特别是南方地区,晚霜往往会对蓝莓的开花和坐果造成比较大的影响。

二、园地规划

蓝莓是多年生作物,建园前应对园地进行调查研究和实地勘测,选择适合种植的区域进行规划。规划内容包括小区划分、道路、建筑物、排灌系统、配置防护林等。

(一)小区划分

建园面积较大时,为便于水土保持和操作管理,将全园按地形划分成若干种植区。对于地形复杂的丘陵地带,小区可因地制宜加以划分。山地建园要按地形修好适宜宽度的等高梯田。

(二)道路

道路由主干道、干道和支路组成。主干道一般宽 5~6m,可通中型汽车,如拖拉机和货车,连接外界公路。干道辖区 3~4m,既可作为各区分界,又是运肥、喷药等田间操作通道。山地蓝莓园的支路应按等高线修筑,支路间规划好田间便道,一般依山势顺坡向排列,与梯田或蓝莓畦垂直,这样既有利于水土保持,又有利于操作。

（三）建筑物

建筑物依蓝莓园规模大小而定，大致需建劳动休息室、分级包装车间、冷库、化粪池等。建筑物的位置依地形地貌建在交通方便处，便于全园管理、操作，有条件的地方还可以建立畜牧场，增加肥源。

（四）排灌系统

排灌系统一般由主渠、支渠、排水沟组成。主渠可沿沟干道、支道一侧走。5～10 亩❶应有一支渠，支渠宽 1m、深 0.8m，与排水沟相通，使多雨季节能排水畅通，蓄水自如，需水时能就近取水。一般 40～50 亩需建一蓄水池，以利于灌溉和喷药。如有条件安装滴灌设备，还要预先规划，设计好喷（滴）灌管道的走向、布局，并进行先期施工安装。

（五）配置防护林

园地防护林可与道路、沟渠、地块相结合，林带树可以以乔、灌木结合种植形成立体结构。

三、定植前准备

（一）基质制备

① 收集松树林内自然腐熟的松树皮和玉米秸秆，然后分别粉碎为小于 5cm 的碎片。收集松树林表层深 10cm 以内的松林表层腐殖质及表层土。按照体积比 1：1：1 将松树皮、玉米秸秆、松林表层腐殖质与表层土直接混匀。然后按每立方米混合物添加 150～175kg 淘米水或米

❶ 1 亩 ≈ 666.7m²。

汤,或者添加 1200mL pH 为 4.22 的稀释 30 倍的木醋液,或者添加本团队制备的蓝莓土壤 pH 无公害调节液 6kg,然后置于 18～25℃条件下发酵 3 个月。

② 收集松树林内自然腐熟的松树皮和玉米秸秆,然后分别粉碎为小于 5cm 的碎片。收集松树林表层深 10cm 以内的松林表层腐殖质及表层土。按照体积比 1∶1∶1 将松树皮、糠醛渣、松林表层腐殖质与表层土直接混匀,然后置于 18～25℃条件下发酵 3 个月。

③ 收集松树林内自然腐熟的松树皮和玉米秸秆,然后分别粉碎为小于 5cm 的碎片。收集松树林表层深 10cm 以内的松林表层腐殖质及表层土。按照体积比 2∶1∶2 将松树皮、醋糟、松林表层腐殖质与表层土直接混匀,然后置于 18～25℃条件下发酵 3 个月。

(二) pH 调节物

① 西红柿尾果调节液。西红柿生产进入产果末期清园时,采摘六成熟以上未收获的西红柿果实放入塑料桶内捣碎,然后置于 20～25℃自然条件下发酵 4～5 天,获得的悬浊液可作为调节蓝莓土壤 pH 的调节液。

② 木醋稀释液。为了克服硫黄粉施用改良 pH 见效较慢的问题,可以将木醋原液稀释 30 倍后对蓝莓的栽培基质进行改土处理,1m³ 基质施用 1200mL 的木醋液,施用后第 3 月即能使土壤 pH 降到蓝莓生长最适范围,同时土壤中有效氮、磷、钾含量随 pH 降低而增加,土壤有机质随 pH 降低分解加快而含量降低,有利于有机质营养的释放。综合分析表明,木醋是一种见效快、易于施用的蓝莓栽培土壤 pH 改良物质。

③ 糠醛渣。以玉米芯、玉米秆等农副产品的下脚料为原料制取的,提取糠醛后的残留固体就是糠醛渣。糠醛渣含有丰富的有机物质和矿质营养元素,土壤施用糠醛渣能减低土壤容重,增大土壤总孔隙度,增加土壤有机质含量,降低土壤 pH。研究表明,糠醛渣能很好地降低土壤 pH,使得蓝莓栽培的土壤 pH 从 6.8 降低到 4.5。用于改土处理能使 2 年生和 6 年生蓝莓的移栽成活率分别达到 95.8% 和 96.0%;同时使 6 年生蓝莓的花败育率达到低于 4% 的水平,显著提高单产。糠醛

渣应用到农业生产中将产生较好的环境效益和经济效益。

④ 醋糟。醋糟为制醋过程中的副产物。制醋的原料主要有麦麸、高粱及少量碎米，发酵酿造后，提取醋，醋糟含水量 65%～70%。风干醋糟（含水量 10%），含粗蛋白质 9.6%～20.4%，粗纤维 15.1%～28%，消化能 36.59～57.82MJ/kg，含丰富的铁、锌、硒、锰等微量元素，但由于制醋原料不同，其营养成分有差异。

（三）防草布铺盖

在定植前用割草机将定植园内杂草清除干净，清除碎石，平整定植园。然后用宽幅 2m，使用寿命为 3～5 年，可降解型黑色防草布对定植园进行全园铺盖。铺盖时将防草布平面向上，有点纹凸起的一面向下贴实地表，保证防草布与地表完全贴合，铺盖平整，不留空隙，无过多褶皱，最后用地布钉在防草布搭接处和两边压钉严实，不能有灌风、移位、透光现象，否则影响防草布使用年限和效果。后期要时常检查地布，防止覆盖泥土流失或固定钉松动，影响防草效果及使用年限。同时，应避免造成防草布腐蚀损坏。

铺盖可降解防草布具有如下优势：①具有环保、透气、亲水、增温、保墒、免耕、增肥、防止和减少病虫危害等多种生理生态效应。②抑制杂草生长。铺盖黑色防草布，杂草发芽后由于不能见光，光合作用受到抑制必然枯死，效果很好，可以省去大量的人工除草费用和节省肥料成本。③提高地温。铺盖防草布后，黑色能吸收太阳光，又能阻挡土壤热量向外散发，能提高地温 3～4℃。④保持土壤温润。铺盖防草布后，能抑制水分蒸发，保持一定的土壤湿度，可减少浇水次数。⑤改善土壤团粒结构及营养。铺盖防草布后因透气，土壤微生物增多，土壤疏松，无板结现象，同时可以增加土壤养分含量。

（四）定植框（槽）制作

蓝莓有机基质栽培系统多采用基质穴式栽培。一个基质穴也就是一个种植穴，基质穴的制作可以选当地易得的材料制作，如用木板、木条、竹竿、砖块等，也可以用控根器和无纺布袋。

四、栽植

（一）栽植时期

　　蓝莓在自然休眠后至春芽萌动前均可进行种植，但以落叶后至立春前为佳。根据实践经验，可知"秋栽先发根，春栽先发芽，早栽几个月，生长赛一年"。秋栽，地上部活动缓慢，根部虽有损伤，但不影响地上部，同时经过冬季休眠，次春先发根后长叶，有利于提高成活率和枝叶生长；而春植，愈近萌芽期，地上部活动愈快，这时根系损伤，恢复缓慢，造成先发芽（枝叶）后发根，有一个缓苗阶段，生长不如秋栽的好。因此，南方秋栽比春栽好，能提高成活率；北方气候干燥，冬季寒冷，多为春植。

（二）栽植密度

　　栽植密度视品种、土壤质地、地势而定。通常南方比北方密，山地比平地密。一般高丛蓝莓的行距在2.0～2.5m，如果考虑到机械作业可扩大到2.5～3.0m。兔眼蓝莓的行距较北高丛蓝莓大一些，为2.5～3.0m。即使是植株较小的矮丛蓝莓和一些半高丛、南高丛蓝莓，种植行距也要保持在2.0m左右，这样便于作业管理。

　　一般种植株距在较贫瘠的土壤上可小一些，在较肥沃的土壤上可大一些。北高丛蓝莓的株距一般在1.0～2.0m，南高丛和半高丛蓝莓的株距在1.0～1.5m，兔眼蓝莓的株距在1.5～2.5m。

（三）授粉树配置

　　高丛蓝莓、兔眼蓝莓需要配置授粉树，即使是自花结实的品种，配置授粉树后可以提高坐果率，增加单果重，提高产量和品质。矮丛蓝莓品种一般可以单品种建园。授粉树配置方式可采用1∶1式或2∶1式。1∶1式即主栽品种与授粉品种每隔1行或2行等量栽植。2∶1式即主栽品种每隔2行栽植1行授粉树。授粉树选择时，除了考虑常规的授粉树选择条件（授粉树能与主栽品种花期一致且具有大量高活力的花粉；与主栽品种同时进入结果期且寿命长短相近，每年都能开花；与主栽品种无杂交不孕现象且能产生经济价值较高的果实；最好与主栽品种能互相授粉而果实成熟期相同或先后衔接等）外，还应考虑花粉直感效应对蓝莓果实内外品质的影响。

（四）定植

1. 定植准备

定植前，在已用防草布铺盖的园内，按栽植密度要求，测定种植点，以定植点为中心，直径为100cm，将防草布划十字交叉口，然后以定植点为圆心挖20cm深、直径为80cm的定植穴，将定植穴内的土挖松散后沿圆周将土向中心靠拢，将已制作完成直径为80cm、高为80cm的PVC聚乙烯合成控根器定植框的基部置于定植穴内，然后将穴内的土向四周铺平，将定植框固定后用制备的有机质填装至1/2深处备用。

2. 定植方法

定植的苗木最好是生根后抚育2～3年的大苗。定植时将苗木从营养钵中取出，捏散土团露出须根。将苗置于定植框中央，然后向定植框内继续填满已制备的有机质，边填装边摇动植株，同时通过提苗控制种植深度，浇透水。春秋土壤水分充足的地区，定植后不浇水成活率也很高。

3. 定植要点

蓝莓苗木定植的质量对生长发育影响极大，尽管看似简单的技术，操作不当往往造成后期生长严重不良。主要掌握以下要点。

（1）苗木质量　生产上定植用的苗木基本上是2～3年生的营养钵苗木，苗木选择时主要看根系的质量，质量好的根系秋季或春季为黄白色，生长季须根为白色，而且根系发达，须根多。如果出现根系褐变，甚至黑色则不宜选择。从地上部来讲，质量好的苗木一般有2~3个或更多的分枝，枝条生长健壮。切忌选择高度很高的独枝苗和由于育苗遮阴过度、秋季没有撤掉遮阳网而培育的高度很高但生长不充实的苗木。生产上培育苗木时要求营养钵2年生苗木口径达到10cm，3年生要达到16cm以上，口径过小往往引起苗期根系发育受抑制，由于没有足够的养分供应，使苗木处于饥饿状态，尽管地上部高度足够，但定植后发根困难，生长不良。需要注意的是这里的营养钵口径是以国标为标准。2年生苗木没有按照标准换营养钵的苗不宜选择。另外，尽可能选择组培苗木，组培苗木根系和枝条的质量比扦插苗木好得多。

（2）破根团　无论是2年生还是3年生营养钵培育的苗木，由于营养钵的限制，根系沿营养钵的内壁环绕团在一起，直接定植以后由于根系的生长惯势在短时间内很难突破根团深入到土壤之中，从而引起生长不良，甚至死亡。尤其是以黏土为基质材料培育的苗木更为严重。因此，定植前，用手或刀具将根团破开后再定植。

（3）定植深度　定植一定注意不能过深，即俗语中的"下窖或埋干"，定植过深造成的问题很多：一是根系层温度较低，不利于根系发育；二是埋干造成根茎部位呼吸受阻，特别是厌氧呼吸造成埋入土层中的枝条韧皮部褐变腐烂，而引起全株死亡。在黏重土壤上后果尤为严重。同时定植也不能过浅，定植过浅露根后根系暴露在空气中，高温和阳光直射造成根系伤害，引起叶片黄化、生长不良甚至死亡。栽植深度以覆盖原来苗木土坨1~3cm为宜。

（五）水分管理

蓝莓在水分方面的特点可概括为抗旱、喜水、怕涝。蓝莓抗旱能力强，但由于根系较浅，过度干旱会影响其生长，因此，充足的水分对蓝莓是非常重要的。但水分过多，也会造成蓝莓根系腐烂。定植前应先做好滴灌系统，若在天气晴朗的夏季，每隔一两天灌溉一次。

1. 水分的调控

由于蓝莓属于灌木，根系主要分布在树冠投影区范围内的表土层，深度在 20～30cm，因此对水分要求较为严格，喜水又怕涝。水分的供应可以通过两种方式，即喷灌与滴灌。喷灌用水量大，但是可以预防早期霜冻，滴灌相对于喷灌来说可以节约 2/3 的灌溉水，同时还可以实现水肥一体化，所以滴灌是目前蓝莓采取的最主要的灌溉方式。

不同的土壤类型对水分要求不同，沙性大的土壤保水能力差，容易干旱，需要经常检查，勤浇水；有机质含量高或黏重的土壤保水能力强，可适当减少浇水，但黑色的腐殖质土有时看起来似乎是湿润的，实际上已经干旱，容易引起误判，因此需要特别注意。

可以根据经验判断是否需要浇水，去掉 5～10cm 深的表层土，徒手抓起一把，在掌中握成团，如果土能成团且能挤压出少量水分，则表示水分合适；如果松开手后，土团即破裂且挤压不出水分，则表示已经缺水。

土壤体积含水量在 15%～25% 为适宜，最佳土壤体积含水量为 18%～20%。水分管理要均衡，切忌忽干忽湿。滴灌的原则是为了保持蓝莓根系附近的含水量在比较适宜的范围内，所以每次的滴水量应该等于外界的蒸发量和蓝莓自身的蒸腾量之和。一般的土壤条件下，每周滴灌 2～3 次，每次 1～2h 即可满足蓝莓对水分的需求，坐果期前每次 1h 左右，坐果后每次 2h 左右，果实采收后应该适当控制水分以促进枝条成熟和花芽分化，此时一般每周滴灌 1～2 次，每次滴灌 30min 左右即可，生产中会经常遇到自然降雨的情况，所以要经常检查土壤的含水量情况，以决定是否需要滴灌。

2. 灌水关键时期

在几个特殊的物候期，蓝莓植株对水分的要求稍大，除此之外均正常给水。蓝莓需水量较大的物候期灌溉量如下。

（1）促萌水 一般在花芽萌动前浇一次透水，一方面可以增加土壤含水量，防止初春干旱的气候导致植株的抽条；另一方面可以促进花芽的萌发，灌溉量以浸透根系分布的土层 30cm 为宜，过多不利于地温的回升。

（2）花前水　在始花期前，一般要浇一次透水，主要用于提高开花的整齐度和坐果率，灌溉量以浸透土层 30cm 为宜。

（3）果实发育水　当园区 70％的花凋谢后，进行此次灌溉，主要目的是促进果实的发育，灌溉量以浸透 40cm 土层为宜。此外在果实膨大期也要保证水量，若缺水则果实发育不好，普遍偏小。

（4）越冬水　在越冬前 2～3 天要进行灌溉，此次水要浇透，主要目的是为了增加树体水分累积，提高树体越冬能力和土壤墒情，减少早春抽条。

3. 喷灌系统

固定或移动的喷灌系统是蓝莓灌水常用的方法。喷灌的特点是可以防止或减轻霜害。在新建蓝莓园中，新植苗木尚未发育，根系吸收能力差，最适宜采用喷灌方法。在美国蓝莓大面积产区，常采用高压喷枪进行喷灌。

4. 滴灌系统

滴灌和微喷灌近年来应用越来越多。这两种灌水方式所需投资费用中等，但供水时间长，水分利用率高，供应的水分直接供给每一树体，水分流失少，蒸发少，供水均匀一致，而且一经开通可在生长季长期供应。它所需的机械动力小，很适合于小面积栽培或穴式栽培使用。与其他方法相比，滴灌和微喷灌能更好地保持土壤湿度，不致出现干旱或水分供应过量的情况。因此，与其他灌水方法相比，采用这两种方法能明显增加蓝莓产量及单果重。利用滴灌和微喷灌时需注意两个问题：一是滴头或喷头应在树体两边都有，确保整个根系都能获得水分，如果只在一边滴水则会使树冠及根系发育不一致，从而影响产量；二是水分需净化处理，避免堵塞。

5. 水源和水质

比较理想的水源是地表池塘水、水库水和地下水。深水井往往 pH 高，而且 Na^+ 含量及 Ca^{2+} 含量高，长期使用会影响蓝莓生长和产量。我国长白山区栽培蓝莓时，由于当地年降水量大而且分布较均匀，自然降水基本上能够满足蓝莓生长结果的要求。但有条件时应尽可能配制灌水设施。

（六）遮阴

相对其他果树树种来讲，蓝莓的光饱和点较低。强光对蓝莓生长和结果有抑制作用。在我国北方地区，每年春夏季节的晴天，由于光照强烈，蓝莓叶片发生枯萎，甚至焦枯。因此，在地势开阔、光照较强的地区，采用遮阴的方式栽培值得推荐。在树行上方放置遮阳网是近几年来智利广泛应用推广的一项实用技术。遮阳网一般设在树行的正上方，另外一种是设在行间的正上方（使树体接受更多的光照）。

遮阳网的功能非常明显且多样化，具体有以下几种：①延迟成熟。这是遮阳网（开花期设置）最重要的一项功能，一般可使果实成熟期延迟7天以上，尤其对于晚熟品种来讲，可延长鲜果供应期。②分散成熟。遮阳网可使果实成熟过程延缓。同一树体和果穗上的果实成熟分散，对分期分批采收有利。③增强树体生长势，增加果实硬度，从而提高果实的耐贮运能力。④具有防霜功能。

（七）防寒

尽管矮丛蓝莓和半高丛蓝莓抗寒力较强，但受不同程度的低温影响，仍有冻害发生，其中最主要的两个冻害是越冬抽条和花芽冻害。在特殊的年份，冬季严寒使地上部全部冻死。因此，在寒冷地区，蓝莓栽培的越冬保护也是提高产量的重要措施。在北方寒冷地区，冬季雪大而厚，可以利用这一天然优势进行人工堆雪，来确保树体安全越冬。与其他方法相比，人工堆雪具有取材方便、省工省时、费用少等特点，而且堆雪后可以保持树体水分充足，使蓝莓产量比不防寒的大大提高，与盖树叶、稻草相比产量也明显提高。在南方寒冷地区，树体覆盖稻草、树叶、塑料地膜、麻袋片、稻草编织袋等都可起到越冬保护的作用。

（八）施肥

1. 营养特点

　　蓝莓属典型的嫌钙植物，它对钙有迅速吸收与积累的能力。当在钙质土壤栽培时，由于钙吸收多，往往导致缺铁失绿症。蓝莓属于寡营养植物，与其他果树相比，树体内氮、磷、钾、钙、镁含量很低。由于这一特点，蓝莓施肥中要特别注意防止过量，避免肥料伤害。蓝莓的另一特点是属于喜铵态氮果树，对土壤中的铵态氮比硝态氮有较强的吸收能力。蓝莓在定植时，通常土壤中已掺入有机物或地表上已经覆盖有机物，所以蓝莓施肥主要指追肥。在蓝莓栽培中很少施用农家肥。蓝莓生产果园中主要以氮、磷、钾肥为主。

　　（1）氮肥　蓝莓对氮肥的反应因土壤类型及肥力不同而很不一致。在暗棕色森林土壤上栽培的美登蓝莓施肥试验表明，随着氮肥施入量增加产量下降，果个变小，果实成熟期延迟，而且越冬抽条严重。因此，像暗棕色森林土壤类型中氮含量较高，施氮肥不仅无效而且有害。根据国外研究，蓝莓在下列几种情况下增施氮肥有效：土壤肥力和有机质含量较低的沙壤土和矿质土壤；栽培蓝莓多年，土壤肥力下降或土壤 pH 较高（大于 5.5）的土壤。

　　（2）磷肥　在缺磷的土壤中，增施磷肥增产效果显著。但当土壤中磷素含量较高时，增施磷肥不但不能增加产量反而延迟果实成熟。一般当土壤中磷素水平低于 6mg/kg 时，就需增施五氧化二磷 15～45kg/hm^2。

　　（3）钾肥　钾肥对蓝莓增产显著，而且提早成熟，提高品质，增强抗逆性。但过量不仅无增产作用反而使果实变小，越冬受害严重，并且导致缺镁症发生。在大多数土壤类型上，蓝莓适宜施钾量为硫酸钾 180kg/hm^2。

2. 施肥的种类、方法和时期、施用量

　　（1）种类　施用完全肥料比单一肥料可提高产量 40%。因此，蓝莓施肥中提倡氮、磷、钾配比使用。肥料比例大多趋向于 1:1:1。在

有机质含量高的土壤上，氮肥用量减少，氮、磷、钾比例以1：2：3为宜；而在矿质土壤上，磷、钾含量高，氮、磷、钾比例以1：1：1或2：1：1为宜。蓝莓不仅不易吸收硝态氮，而且硝态氮还造成蓝莓生长不良等伤害。因此，蓝莓以施硫酸铵等铵态氮肥为佳。硫酸铵还有降低土壤pH的作用，在pH较高的沙质和矿质土壤上尤其适用。另外，蓝莓对氯很敏感，极易引起过量中毒，因此，肥料种类选择时不要选用含氯的肥料，如氯化铵、氯化钾等。

（2）方法和时期　高丛蓝莓可采用沟施，深度以10～15cm为宜。也可以通过滴灌系统施肥。矮丛蓝莓成园后连成片，以撒施为主。土壤施肥时期一般是在早春萌芽前进行，可分两次施入，在浆果转熟期再施一次。

（3）施用量　蓝莓过量施肥极易造成树体伤害甚至整株死亡。因此，施肥量的确定要慎重，要视土壤肥力及树体营养状况而定。在美国蓝莓产区，叶分析技术和土壤分析技术广泛应用于生产中。

（九）营养缺素症

1. 缺铁失绿症

缺铁失绿是蓝莓常发生的一种营养失调症。最初症状是叶脉间失绿，但叶脉保持绿色，症状严重时叶脉也失绿，其中新梢顶部叶片表现症状早且严重。缺铁失绿的主要原因有土壤有机质含量不足，土壤石灰含量高，土壤pH过高，土壤中Ca^{2+}含量过高等。缺铁失绿的矫治，最有效的方法是施用酸性肥料（NH_4）$_2SO_4$，若结合土壤改良同时掺入草炭效果更好。叶片喷施$FeSO_4$只能暂时使叶片恢复绿色，而且$FeSO_4$在叶片中很难扩散，施用后只出现斑状恢复。叶面喷施螯合铁效果较好，30天内叶片转绿，且第二年仍然有效。

2. 缺镁失绿症

其症状是浆果成熟期叶缘和叶脉间失绿，主要出现在生长迅速的新梢和老叶上，以后失绿部位变黄、变橘黄色，最后呈红色。缺镁失绿症可用MgO来矫治，施用量为224kg/hm^2。

3. 缺硼症

其症状表现为芽非正常开绽，萌发后几周顶芽枯萎，变暗棕色，最后顶端枯死，引起缺硼症的主要原因是土壤水分不足，可以通过叶面喷硼来矫治。

导致蓝莓矿质元素缺乏的原因很多，但总结起来主要有：①土壤水分含量不足或分布不均。②土壤排水不良、虫害、肥料伤害、病害和土壤板结而引起根系发育不良。③土壤中铵态氮含量不足。④土壤有机质含量不足。

土壤理化性状不佳是导致矿质元素营养缺乏的主要原因，在蓝莓栽培过程中，创造一个良好的土壤条件是非常重要的。

（十）元素矫治叶分析

各种元素缺乏和过多的矫治叶分析法是果园施肥管理中最为准确的技术。将分析数据与标准值进行比较，可以较科学地确定施肥种类及施肥量。

1. 氮

缺氮时按叶片中每增加氮含量 0.1%，增加施纯氮 10% 计算施氮量。如果土壤 pH 高于 5.0，用硝酸铁；如果土壤 pH 低于 5.0，则改用尿素。不可施用含氯氮肥或硝酸铵。氮含量过高时按每降低叶片氮含量 0.1% 减少施纯氮 10% 计算。

2. 磷

低磷时可以在一年内任何时间施用 45% 的磷肥 201kg/hm²。磷含量高于正常值则不施磷肥。

3. 钾

低钾时在秋季或早春施用硫酸镁钾 430kg/hm² 或硫酸钾 180kg/hm²。钾含量过高或含量虽正常，但钾/镁高于 4.0 则不施钾肥。

4. 钙

低钙时如果土壤 pH 低于 4.0 施用石灰，如果土壤 pH 高于 4.0 则在秋季或早春施用硫酸钙 1120kg/hm^2。钙高于正常值可参照土壤测试降低土壤 pH 至 5.5 以下。

5. 镁

缺镁时如果土壤 pH 低于 4.0 增施石灰；如果土壤 pH 高于 4.0 则施入硫酸镁 280kg/hm^2；如果镁含量在正常范围，但钾/镁比高于 5.0，则增施氧化镁 90kg/hm^2，改善钾和镁的平衡。镁高于正常值可参照土壤测试降低土壤 pH 至 5.5 以下。

6. 锰

缺锰时在生长季节叶面喷施 2 次螯合锰，用量为 6.7kg/hm^2，兑水 55L。锰高于正常值参照土壤测试调节土壤 pH 至 5.5 以下。

7. 铁

缺铁时在夏季和下一年开花后叶面喷施螯合铁 6.7kg/hm^2，兑水 55L，检查施用效果，并根据情况加以纠正。如果土壤 pH 在正常范围（4.0~4.5），但低铁状况仍持续几年，则土施螯合铁 28kg/hm^2 或硫酸亚铁 17kg/hm^2。

8. 铜

缺铜时在开花后和果实采收后叶面喷施螯合铜 2.24kg/hm^2，兑水 55L。

9. 硼

低硼可在晚夏和下一年初花期叶面喷施硼酸 1.7kg/hm^2，兑水 55L。如果低硼持续几年而土壤 pH 在正常范围（4.5~5.0），则土壤表面施用硼酸 5.6kg/hm^2。

10. 锌

低锌可在花后、采收前和晚夏叶面喷施整合锌或硫酸锌 $2.24kg/hm^2$，兑水 55L。如果低锌连续持续几年则土壤施用硫酸锌 $11.2kg/hm^2$。

（十一）土壤管理

蓝莓根系分布较浅，而且纤细，没有根毛，因此要求土壤疏松、多孔、通气良好。土壤管理的主要目标是创造有利于根系发育的土壤条件。蓝莓土壤管理的模式主要有以下几种。

1. 清耕

有机基质栽培蓝莓采用清耕法进行土壤管理。清耕能有效控制杂草与树体之间的竞争，促进树体发育，尤其是在幼树期，清耕尤为必要。清耕方式主要为人工拔除杂草，结合除草清耕深度以 5～10cm 为宜，对兔眼蓝莓系列品种进行比较发现，清耕 5～10cm 比 10～15cm 产量提高 6%～60%，其原因是浅耕使耕层下土壤板结，限制根系发育，而适当深耕使下层土壤疏松，促进根系向深度和广度发育。另外，蓝莓根系分布较浅，过分深耕不仅没有必要，还会造成根系伤害。清耕的时间从早春或者是冬季都可进行，入秋后不宜清耕，夏秋清耕对蓝莓越冬不利。

2. 土壤覆盖

种植蓝莓要求酸性土壤和较低地势的条件，当土壤干旱、pH 高、有机质含量不足时，就必须采取措施调节上层土壤的水分、pH 等。除了土壤渗入有机物外，生产上广泛应用的是土壤覆盖技术。土壤覆盖的主要功能是增加土壤有机质含量，改善土壤结构，调节土壤温度，保持土壤湿度，降低土壤 pH，控制杂草等。矮丛蓝莓土壤覆盖 5～10cm 锯末，在 3 年内产量可提高 30%，单果重增加 50%。土壤覆盖物应用最多的是锯末，尤以容易腐解的软木锯末为佳。同时，用松针覆盖可有效利用资源又能节约成本。土壤覆盖锯末或松针后，蓝莓根系在腐解的锯末层中发育良好，使根系向广度扩展，扩大养分与水分吸收面，从而促进蓝莓生长和提高产量。用腐解好的烂锯末比未腐解的新锯末效果好且发挥效果迅速，腐解的锯末可以很快降低土壤 pH。土壤覆盖如果结合土壤改良掺入草炭效果会更加明显。

采用土壤覆盖使蓝莓根系的生长量增加，体现在根系分布深度、分布直径、根系干重增加。高丛蓝莓"蓝丰"增加的效果更为明显，在根系分布深度、分布直径及干重等方面可以看出苔藓覆盖下的两个品种的植株生长最好。苔藓处理根系深度增加近 1 倍，根系干重增加 4 倍；覆盖处理蓝莓地上部生长量增大，表现为株高、冠径、基生枝数量、百叶干重增加。不同覆盖处理总体上延长枝的花芽数要高于对照植株花芽总量。

土壤覆盖可以明显地提高蓝莓树体的抗寒能力，从提高抗寒力角度，土壤覆盖锯末和草炭效果较好。覆盖锯末或松针在苗木定植后即可进行，将锯末均匀覆盖在床面，宽度 1m，厚度 $10\sim15$cm，以后每年再覆盖 2.5cm 厚以保持原有厚度。如果应用未腐解的新鲜锯末，需增施 50% 的氮肥。已腐解好的锯末，氮肥用量应减少。除了锯末之外，树皮或烂树皮作土壤覆盖物可获得与锯末同样的效果。其他有机物如稻草、树叶也可作土壤覆盖物，但效果不如锯末。应用稻草和树叶覆盖时需同时增大氮肥的施用量。在清耕时 $(NH_4)_2SO_4$ 用量为 123kg/hm^2，而覆盖稻草和树叶时 $(NH_4)_2SO_4$ 用量为 336kg/hm^2，分两次施入，间隔期为 6 周。如果应用粪肥或圈肥效果不如锯末，而且还有增加土壤 pH 的副作用。

第四章

蓝莓生物学特性

一、树体

　　蓝莓为杜鹃花科越橘属多年生灌木,越橘属所有种均为多年生灌木或小乔木。进行经济栽培的蓝莓有 5 个品种群:北高丛蓝莓、南高丛蓝莓、半高丛蓝莓、矮丛蓝莓和兔眼蓝莓。不同品种群间树体差异显著。矮丛蓝莓树高多为 0.15～0.5m,南高丛和北高丛蓝莓植株树高多为 1.8～4.0m,半高丛蓝莓高度介于高丛和矮丛蓝莓之间,而兔眼蓝莓可高达 7m 以上。蓝莓植株一般由多个主枝构成灌木丛树冠,植株基部发出的新梢叫作基生枝,并在第二年木质化。

二、芽

　　休眠的一年生蓝莓枝条通常在顶部着生花芽,花芽下部着生叶芽。花芽较大,圆润饱满,而叶芽较小,窄而尖。休眠的叶芽约 4mm 长。每个花芽中花朵数量与其在枝条上的位置有关,距离顶部越远,花朵数量越少。以蓝丰为例,通常枝条顶部的花芽具有 9～10 朵花,顶部向下第 3 个花芽有 8 朵花,第 4 个花芽有 7 朵花。通常每个节位只有 1 个花芽,偶尔发现同节位有 2 个花芽的现象,第 2 个花芽通常只有 2～5 朵花。枝条上花芽的数量还与枝条的粗度、品种和光照条件相关。不同品种间单花芽所含的花朵数量、每个结果枝所形成的花芽数量、主枝抽生侧枝能力等差异较大。

三、叶

　　蓝莓的叶由叶托、叶柄和叶片3部分组成。蓝莓的叶片为单叶互生，交替排列在茎上，多为落叶，也有少数低需冷量品种在0℃以上温度条件下保持常绿。叶片形状多样，从椭圆形、匙形、倒披针形至卵形。矮丛蓝莓叶片一般长0.5～2.5cm，椭圆形。高丛和半高丛蓝莓叶片为卵圆形。蓝莓叶片背面茸毛数量随品种不同有差异，大部分品种叶片背面有茸毛，而矮丛蓝莓叶片背面很少有茸毛。

四、根

　　蓝莓根系分布范围较浅，根系不发达，无根毛结构，但是有内生菌根真菌寄生。在高丛蓝莓和兔眼蓝莓品种中，依据根的粗度和功能将蓝莓根系主要分为两种类型，一种是粗度在11mm以下，主要起固定植株和贮藏养分功能的根；另一种是粗度在1mm左右，呈线状的纤细根，主要作用是吸收水分和养分。蓝莓根系中约50%的根位于树冠投影以内30cm土层内，80%～85%的根在树冠投影以内60cm土层内。蓝莓根系干重的80%以上在36cm土层以内。

五、花和花序

　　蓝莓的花由花萼、花冠、雌蕊和雄蕊4部分组成，共同着生在花梗顶端的花托上，花梗又叫花柄，是枝条的一部分。蓝莓花序为总状花序。花芽单生或双生于叶腋间，花芽一般着生在枝条上部。蓝莓花冠连在一起，4～5裂，颜色由白至粉，呈倒球形或倒坛状。雌蕊略长或略短于花冠。子房下位，4～5室，每室有胚珠一至多枚。每花8～10个雄蕊，雄蕊嵌入花冠基部围绕花柱生长。雄蕊由花药和花丝两部分组成，花药上部有两个管状结构，管状结构末端有孔，用于散放花粉。

雄蕊和雌蕊发育成熟后，花萼与花冠也发育成熟，这时花萼与花冠展开，雄蕊和雌蕊显露。

六、果实

蓝莓果实为具有多种子的浆果，果实的大小、颜色受到栽培品种和环境条件的影响，高丛和矮丛蓝莓果实多为蓝色，被有不同程度的白色果粉。果实直径一般为 0.5~2.5cm，形状多为扁圆形，也有卵形、梨形和椭圆形，一般单果重 0.5~1.5g。蓝莓果实多于授粉后的 2~3 个月成熟，高温可使果实成熟提早。蓝莓果实颜色由浅蓝色至黑色转变时，表面有一层蜡质角质层。色素存在于表皮和表皮下层细胞，通过一圈维管束将其与皮质层的其余部分分开。蓝莓果肉大部分为白色。果实中心部分为具有 5 个木质化胎座的心皮，并附着多粒种子。中果皮中零星可见石细胞，在表皮下居多。

七、生理特性

（一）生命周期和树冠发育

高丛蓝莓和兔眼蓝莓均为灌木型。兔眼蓝莓的生长势比高丛蓝莓强，植株高度可达 1.5~3m。枝条生长期始于 4 月，于 6 月底至 7 月初结束，在云南中、低海拔地区可以周年生长。

矮丛蓝莓和笃斯蓝莓为根茎型。株高不过几十厘来。笃斯蓝莓根茎寿命可达 300 年，地上部寿命约 30 年。前两年为营养生长期，第三年开始结果，盛果期不过 5~6 年，从 7 年生开始，生长势开始减弱。为此，采用及时的人工更新以代替漫长的自然更新过程，是发掘其丰产潜势的有效措施，也是建立人工抚育矮丛蓝莓天然丰产基地的主要内容。大多数矮丛蓝莓的采收方式以两年为一个周期，实行焚烧更新。试验证明每两年焚烧一次比每三年焚烧一次的效果好。在焚烧以后，从根茎部或枝杆基部发出强壮的枝条。

（二）根系生长

北高丛蓝莓在生长季中根系生长有两个高峰。第一个较小的高峰发生在春季，发生时间约在坐果和果实膨大期至果实未成熟的绿果期。第二次发生在果实开始采收以后至植株进入休眠之前。很多研究将蓝莓根系按照粗度和着生位置进行分级，一般粗度较细，着生在根系分枝末端的为一级根，着生在一级根上的为二级根，以此类推，不同研究将蓝莓根系分为五级或七级。根系分级与其解剖、形态和功能等都存在一定的对应关系。蓝莓一级和二级根主要起吸收作用，寿命范围一般在 115～120 天，三级和四级根在功能上是从吸收到传导的过渡，三级根的寿命一般在 136～155 天。前三级根无二次发育的现象，因此寿命有限，而五级以上根系可以进行二次发育，主要起传导和固定作用。菌根在一级和二级根上定植较多，在三级和四级根上定植数量减少，而在四级以上根上未检测到其定植。

（三）枝条生长

新梢生长茎粗和长度呈正相关。按照粗度，新梢可分为三类：小于 2.5mm 为细梢、2.5～5mm 为中梢、大于 5mm 为粗梢。茎粗的增加与新梢节数和品种有关。对晚熟品种调查发现，株丛中 70% 新梢为细梢、25% 为中梢，只有 5% 为粗梢。若形成花芽，细梢节位数至少为 11 个、中梢节位数至少 17 个、粗梢节位数至少为 30 个。此外，根据枝梢的长短，可以将结果枝依据其长度不同分为 4 类，即短果枝（短果枝≤10cm）、中果枝（10cm＜中果枝≤30cm）、长果枝（30cm＜长果枝≤50cm）和超长果枝（超长果枝＞50cm）。

新梢在生长季节内多次生长，二次生长最为普遍。叶芽萌发抽生新梢，新梢生长到一定长度停止生长，顶端生长点小叶变黑形成黑尖，黑尖维持两周后脱落并留下痕迹，叫黑点。2～5 周后顶端叶芽重新萌发，发生转轴生长，一年可发生几次，最后一次转轴生长顶端形成花芽，开花结果后顶端枯死。下部叶芽萌发新梢并形成花序。

（四）花芽分化及开花习性

1. 花芽形成

蓝莓的花芽着生于一年生枝顶部的 1～4 节，有时可达 7 节。花芽呈卵圆形、肥大，长 3.5～7cm。花芽在叶腋间形成，逐渐发育。当外层鳞片变为棕黄色时进入休眠状态，但花芽内部在夏季和秋季一直进行着各种生理生化变化。当两个老鳞片分开时，形成绿色的新鳞片。花芽沿着花轴在几周内向基部发育，迅速膨大形成明显的花芽并进入冬季休眠。进入休眠阶段后，花芽形成花序轴。

高丛和半高丛蓝莓花序原基在 8 月中旬形成。矮丛蓝莓在 7 月下旬形成。花序原基沿膨大的顶端从叶腋分生组织向上发育。从花芽形成至开花约需要 9 个月。

花芽在一年生枝上的分布有时被腋芽间断，在中等粗度枝条上，远端的花芽为发育完全的芽。枝条的粗度和长度与花芽形成有关，中等粗度的枝条形成花芽数量多。枝条的粗度与花芽质量也有关系，中等粗度的枝条上花序分化完全的花芽多，而过细或过粗的枝条单花芽数量多。一个花芽开放后，单花芽数量因品种和芽质量不同而不同，一般为 1～16 朵花。

花芽分化的光照条件：蓝莓的花芽分化为光周期敏感型，花芽在短日照（12h 以下）下分化。矮丛蓝莓大多数品种花芽分化要求光周期日照时间在 12h 以下，有的品种在日照时数为 14～16h 的光周期条件下也能分化，只是形成的花芽数较少。

高丛蓝莓与矮丛蓝莓一样，光周期日照时间也因品种而不同。在日照时间为 10h 的条件下花芽分化量最大，而且枝条生长量也大，在这种条件下就能有较多的枝条让花芽着生。分布在南方的兔眼蓝莓，如果在秋季花芽分化期枝条已经全部落叶，则不能形成花芽；如果部分落叶，则花芽只形成在有叶的节上。当休眠期低温需要较高的品种向南推进时，同样也会遇到光周期的问题。在这方面品种间也有差异。

2. 打破花芽休眠的条件

低温单位或冬季低温要求指的是在适宜的温度范围内花芽或叶芽通过休眠所需要的时间。不同类型和不同品种对低温的要求并不同。一般来说，高丛蓝莓的花芽需要经 650～850h 以上 7.2℃ 以下的低温刺激才能打破休眠。南方高丛蓝莓品种间变异幅度很大，最短的 200～300h，最长的 800～1000h。兔眼蓝莓多数品种需要的低温时数在 500h 以下。也有在结果以后又马上开花的现象。

3. 营养生长和生殖生长

在大部分气候条件下，新梢在夏季中后期开始花芽分化。在一个枝条中通常是顶部的花芽先形成，先开绽，在一个花序中通常是基部的花芽先形成，先开绽。

蓝莓花芽分化通常分为分化初期、花序原基分化期、萼片原基分化期、花冠原基分化期、雄蕊原基分化期和心皮原基分化期。受到温度、湿度和光周期等气候条件的影响，分化时间通常为 5～8 周，在品种间有差异。蓝莓花芽分化对光周期十分敏感，花芽在短日照（12h 以下）条件下分化，品种间有差异。温度对花芽数量影响较大，温度过高和过低都不利于花芽分化。如果秋季花芽分化期枝条出现早期落叶，则不能形成花芽，花芽只能形成在有叶的节上。

通常认为北高丛蓝莓在冬季时不进行花芽分化，但如果环境条件适宜，北高丛蓝莓可在冬季持续进行花芽分化，现已观察到北方地区温室内北高丛蓝莓在冬季进行花芽分化的现象。而南高丛蓝莓品种花粉粒和胚珠的发育在整个冬季持续进行。由于秋季光周期变短，温度降低，蓝莓进入休眠状态，继而需要一定量的低温以满足蓝莓春季正常的芽萌发以及花、叶的生长。

当植株春季开始生长后花芽开始膨大，由于受到不同品种和温度的影响，通常从花芽开始膨大到完全开花需要 3～4 周。开花时顶花芽先开放，然后是侧生花芽。一般粗枝上花芽比细枝上花芽开放晚。在一个花序中，基部花先开放，然后中部花，最后顶部花。

叶芽在早春时期开始膨大，此时叶片开始在芽内发育。叶芽开绽较花芽开绽更缓慢，并且受栽培品种、低温阶段长短和早春温度等环境条件的影响。当叶芽开绽时，叶片呈紧凑的簇状环绕在茎的周围，但随着时间推移叶片在节内展开并相互分离。当叶芽内长至6个叶原基时，随着枝条的生长，其余叶片在新梢顶部形成，蓝莓枝条的生长是合轴生长。蓝莓枝条开始生长迅速，后因枝顶败育而停止，枝顶败育也叫黑尖。在不同品种和环境条件下，新梢可能有1次、2次或多次生长期。枝条通过腋芽的抽生和黑点的脱落进行更新。通常同1个节位只有1个休眠的叶芽形成新梢，2个或3个休眠的叶芽同时抽生新梢的情况也时有发生。北高丛品种通常有2~3个新梢生长期。

当植株基部发出新梢时，通常第一年不抽生二次分枝，多次生长期均沿着枝条顶部生长点进行。第二年结果后，花序下两至多个叶芽打破休眠开始生长，开始初次分枝。下一年，结果后多个叶芽开始生长，产生多个生长势较弱的细枝，如这些细枝结果，将对果实大小和产量产生不利影响。

（五）授粉和坐果

蓝莓柱头对花粉的接受能力随时间发生变化。以兔眼蓝莓为例，兔眼蓝莓品种灿烂和梯芙蓝，柱头接受能力在0~4天表现为先上升后趋于平稳，然后逐渐下降。不同品种柱头接受能力在不同的阶段发生变化。以5个蓝莓品种为试材，采用柱头可授性的组织化学检测与田间蕾期延迟授粉的方法，研究了各品种的有效可报期。结果表明粉蓝、梯芙蓝、杰兔、芭尔德温和S13兔眼蓝莓品种的最佳人工辅助授粉时期分别为花后第2~3天、第4天、第2~4天、第2~3天和第2~4天。关于授粉时期和坐果率的关系，现在仍无准确结论，在高丛蓝莓和矮丛蓝莓中，如果授粉延迟3天，坐果率显著下降。与之相反，兔眼蓝莓开花后6天授粉，坐果率仍然很高。

北高丛蓝莓、南高丛蓝莓和兔眼蓝莓最终果实的大小受种子数量的影响显著。不同品种果实大小对种子数量的响应变化显著。通常只有一部分胚珠会发育成种子，高丛和兔眼蓝莓每个果实有超过110个胚珠，但是发育成种子的数量很少超过一半。高丛蓝莓品种每个果实中种子数量为16~74个，而兔眼蓝莓品种每个果实有38~82个种子。通常发育完全的种子是棕色的、饱满的，而那些终止发育的种子是小的、不饱满的。大部分种子在盛花后的 40 天以内终止发育，均受其自交可育水平的影响。南高丛蓝莓品种夏普蓝胚珠终止发育时间发生在授粉受精后的 5～10 天。种子发育终止是种子发育过程中有害基因表达的结果。尽管种子数量对果实大小影响显著，但其他因素如传粉者的活动量、环境温度、负载量和水分供应情况等均对果实大小有不同程度的影响。

蓝莓异花授粉柱头饱和度要求较自交授粉更低。异花授粉与自花授粉相比在较低的四分体密度时就停止产生柱头黏液。通常蓝莓自交后四分体密度高于异交。而一旦萌发，自交和异交的花粉管在花柱中生长速度是一样的。比较自交的斯巴坦蓝莓和异交的斯巴坦蓝莓时发现，自交和异交的花粉到达花柱底部的时间为授粉后 2 天，授粉后 6 天两种花粉均已进入胚珠。在比较自花授粉与异花授粉的南高丛和兔眼蓝莓时，发现 48h 后异花花粉完全穿过花柱的比例更高，到 72h，两类花粉均已完全穿过花柱。

蓝莓落果通常发生在花后的 3～4 周，与兔眼蓝莓相比，高丛蓝莓发生较少。掉落的果实通常是那些在果实生长的初始阶段就不膨大并且不正常变红的果实。蓝莓自花花粉可以最终为胚珠受精，为自花授粉植物，但高丛蓝莓品种间坐果率差异较大，为 50%～100%。自然授粉的兔眼蓝莓品种梯芙蓝坐果率为 36%，Southland（南陆）坐果率为 75%，梯芙蓝自花授粉坐果率只有 21%～27%，乌达德为 46%～60%，Blue-gem（蓝宝）为 55%。花芽在枝上的位置对坐果率无稳定的影响。

（六）果实发育

蓝莓果实生长呈现出双 S 曲线，即通常分为 3 个阶段。阶段一的特点是细胞分裂和干物质积累迅速，这一阶段通常发生在盛花后 25～35 天，随种和环境条件发生变化。阶段二时果实生长缓慢，但是种子发育较活跃，这一阶段通常发生在盛花后 30～40 天，随品种、环境条件和种子数量发生变化。高丛蓝莓品种与兔眼蓝莓品种相比，阶段二时间较短，但有部分重叠时间。阶段三为果实通过细胞增大而迅速生长期，这一阶段通常发生在盛花后 30～60 天，随品种和环境条件发生变化。在第三阶段，发生糖分积累和花青素积累过程中果实由绿转蓝。

　　北高丛蓝莓果实发育阶段的总时长为 42~90 天，南高丛蓝莓果实发育阶段的总时长为 55~60 天，兔眼蓝莓果实发育阶段的总时长为 60~135 天。

　　关于蓝莓果实是否为呼吸跃变型果实仍有疑问。检测矮丛蓝莓和高丛蓝莓果实发育期间 CO_2 释放量的增加在阶段三时达到峰值。兔眼蓝莓在红果期发生乙烯量的增加。然而在矮丛蓝莓和高丛蓝莓果实成熟期间未发现呼吸和乙烯量的变化。使用乙醛和乙烯处理高丛蓝莓也未能引起呼吸的变化。

　　蓝莓果实因其较高的保健价值被消费者所熟知，在蓝莓果实成熟的过程中，其有机成分发生不同程度的变化，一些研究检测了蓝莓果实成熟过程中有机成分的变化。以蓝丰和粉蓝两个蓝莓品种为试材，就其果实发育过程中糖、花青苷、总酚、类黄酮和苯丙氨酸解氨酶活性的变化情况进行了观测与分析。发现幼果期总酚和类黄酮含量较高，随着果实的逐渐发育，总酚和类黄酮含量整体呈下降趋势，而到成熟期略有上升；花青苷含量从幼果期开始逐渐增加；蓝莓果实花青苷含量与葡萄糖、果糖含量呈显著正相关；粉蓝的花青苷、含糖量、总酚、类黄酮等各项指标值均高于蓝丰。分析密歇根露地栽培泽西果实成熟过程中的有机成分含量，结果表明：果实开始上色的前 6 天颜色强度增加，后趋于平稳。在果实成熟的早期油脂和蜡的含量降低后保持恒定。在整个成熟的过程中，淀粉和其他复杂碳水化合物含量相对稳定。随着果胶甲基酯酶活性的增加，可溶性果胶含量降低。变色后 9 天总糖含量增加，然后趋于稳定。果实发育的后期阶段非还原性糖含量增加，但还原性糖含量降低，保持总糖含量恒定。果实成熟过程中，可滴定酸含量持续降低，导致糖酸比的稳定上升，当果实脱落后糖分积累停止。

　　检测不同栽培措施对高丛蓝莓糖酸组分的影响，发现增加负载量降低了果实糖含量，但对果实酸含量和果实贮藏品质无影响。增加氮肥可降低酸含量但对果实糖含量和采后品质有轻微影响。延长采收间隔时间可增加糖含量，降低可滴定酸含量和货架期。第三次采收的果实与前两次采收的果实相比糖含量升高，而可滴定酸含量降低，并缩短了果实的货架期。

　　果实成熟后，糖酸中的不同组分会发生变化，试验发现沃尔考特

（Wolcott）果实成熟时，葡萄糖和果糖含量增加，柠檬酸含量降低。苹果酸和奎尼酸含量在成熟过程中降低不显著。成熟过程中的鲁贝尔和泽西柠檬酸含量随时间降低，且鲁贝尔柠檬酸含量一直高于泽西。

果实成熟过程中，由于酶催化细胞壁成分果胶、纤维素和半纤维素分解，蓝莓果实变软。这一过程在果实过熟时加速，并伴随着糖含量的增加和酸含量的降低。因此，随着果实成熟度的增加，果实变甜，同时也变软。不同蓝莓品种间，果实硬度变化差异较大。

第五章

蓝莓树体管理技术

一、整形修剪的目的与原则

　　整形修剪的作用是多方面的，包括构建合理的树体结构，使之能负载更多果实；调整树冠疏密，使之通风透光；除去无效和病弱枝叶，减少营养消耗；加强病虫害防治；利用顶端优势，刺激和平衡树冠各部分生长发育等。要防止简单地把修剪当作刺激生长的技术和法宝。当前，有些地方因对蓝莓的特性了解不深，栽培技术不完善，植株生长势趋弱。加之有一些并不适宜蓝莓种植的地区也在盲目发展或者种植了不适宜的品种，因此，蓝莓树体表现出生长势不强、果实品质不高、产量低、树体迅速老化等现象。针对这样的果园，目前国内有主张采用生长季节强修剪以刺激生长的修剪技术法来达到立竿见影提高果实产量的效果。这种做法必须慎重，一旦刺激强度过大，就会形成恶性循环，不但得不到丰产，反而加速树体的老化，此方法有待商榷。

　　正常情况下，在蓝莓定植的头两三年内，幼龄树的修剪目的是控制结果量，保证树体长势，并在适宜的位置留足形成未来主体枝干的基生强枝，促进植株尽快成型以提早进入丰产期。对于成年树，修剪的目的是培养和保持理想的树形。增强树势，改善树体内部的通风透光条件，调节营养生长与生殖生长的矛盾，促花控果，达到产量与质量的平衡，防止过量结果，提高产品质量，延长果园经济寿命，实现持续丰产稳产、优质高效的目标。成年树的修剪原则是因树修剪。作为一种灌木树种，蓝莓整形修剪没有严格的固定模式。蓝莓树体结构不像苹果、梨、桃那样没有主干，构成树体的枝干数量也不固定，管理粗放，不做规范整形修剪的蓝莓树形大体上呈自然圆头形。整形修剪培养的圆头形，是在自然圆头形基础上进行适当疏枝、短截，使树冠缩小通透，做到布局合理，枝条疏散，枝序层次分明，内膛通透，树冠内外均能占据较大的有效空间，保证树冠的每一个部分都能接受到足够的阳光，达到受光面积大、立体结果的丰产效果。修剪时除满足整形的要求以外，还要均衡树势，去弱留壮，促均抑强，构建以壮枝和中庸枝结果为主的树冠布局。即在需要除掉枝条或枝组时，尽量除去衰弱枝，保留强壮枝，尽量达到和保持一定数量的结果枝组（或称结果枝群）。

从保证丰产的角度出发，下剪前必须对树体的可负载量做出估计，大体确定应保留的结果枝组的数量。在判断枝条或枝组的优劣和结实潜力时不能仅凭枝条的长短来区分，还要看其生长势和枝条的粗度和充实程度。对1年生枝而言，弱枝的主要特点，一是枝条细软（即使很长也是弱枝）；二是转色不够，如在冬季枝条还保持绿色，枝条的成熟度不够；三是枝条上不形成花芽或花芽极少。最大的枝干并不一定最丰产，基径为1.3～2.5cm的枝干丰产性最好；为了提供足够的营养维持枝干和树叶的生长，基径大于2.5cm的枝干相对地减少了结果数量。对枝组而言，生长势可以根据其上1年生枝的总体长势加以判断，若枝组上的1年生枝普遍弱小，则整个枝组也相对衰弱。花芽量则是另一种情况。如果枝组上的花芽量过多，可能是枝组开始衰弱的表现。随着枝组进一步衰弱，花芽量又会减少，甚至不形成花芽。对于树势已趋衰老的老龄树，整形修剪要遵循"新老更替，回缩复壮"的原则，着重于主枝的更新和枝组的复壮，以期恢复树势，重获丰产。蓝莓品种多样，树形树势更是千差万别，修剪方法没有绝对的标准，应在掌握品种生长结果习性的前提下，做到因树修剪，根据植株的具体情况、果实的用途、对修剪的反应等综合考虑，采取灵活的修剪方案。

二、蓝莓的树体结构

蓝莓为灌木果树，其树体结构一般为多主枝丛状型，按照株行距，主枝数量一般为5～8个，整个树体形状类似于花瓶，树冠的中

心应形成一定的空间，以便于通风透光。由于蓝莓的花芽只着生在 1
年生枝上，所以随着树龄的增长，结果部位离根系越来越远，呈现出
明显的结果外移。超过 5 年生的主枝，其上着生的结果枝结果能力开
始下降，从第 5 年起应该有计划地选留基生枝来取代老的主枝。一般
可以对选留的基生枝通过短截等方式培养 3 年以上，然后去掉一个主
枝。可以每年更换一个主枝，以避免一年中更换过多而影响产量。蓝
莓的丰产树形上，一般直径小于 2.5cm 的主枝占总主枝量的 15%～
20%，直径大于 3.5cm 的主枝所占比例为 15%～20%，直径为
2.5～3.5cm 的主枝占 40%～70%。这在北方需要防寒的地区尤为重
要。因为在埋土防寒操作时，枝龄大于 8 年、直径大于 3.5cm 的主枝
被压倒十分困难，因此，及时更新不仅可以保证主枝上结果枝的结果
能力，且更有利于埋土防寒。树冠的高度建议不超过 2m，以便于采
收等操作。

三、整形修剪的时期

　　蓝莓的修剪在一年四季都可以进行，但是，不同时期的修剪对蓝
莓的影响是不同的。从大的方面来讲，蓝莓修剪根据不同时期可以分
为休眠期修剪和生长季修剪。不同时期修剪的目的也是不同的。

1. 休眠期修剪

　　休眠期修剪指落叶品种从秋冬落叶后至春季萌芽前，或常绿品种
从晚秋枝梢停止生长至春梢抽生前进行的修剪。此时树体内养分大部
分储藏在茎干和根部，因而修剪造成的养分损失较少，此时修剪对树
势和根系的影响要小于生长季修剪，但是对修剪部位的局部刺激作用
要强于生长季修剪。因此，休眠期修剪对于成年树和衰弱树比较适合，
而对于幼旺树则应尽量少采用。休眠期内修剪越早，开花期越早，不
修剪的蓝莓树开花最早。根据这一规律，可以适当晚剪以推迟花期避
免晚霜的危害。休眠期是我国蓝莓产区普遍采用的修剪时期，这一时
期修剪，叶片已经脱落，枝条的状态和花芽都便于识别，修剪方便，
也利于判断下一年的产量。种植者习惯在这一时期进行修剪，甚至有

的种植者在一年中只进行一次休眠期修剪。

2. 生长季修剪

生长季修剪指春季萌芽后至落叶品种秋冬落叶前或常绿品种晚秋枝梢停长前进行的修剪。生长季修剪对局部的刺激作用较小，修剪反应比较温和，但是对树体总的生长量和根系的抑制作用要比休眠期修剪大，所以适合幼旺树或者生长健壮的树，而不适合衰弱树。生长季修剪可以是为了整形、改善光照，也可以是为了增加分枝数量、扩大树冠、增加结果枝数量，还可以改变结果枝的类型、利用二次枝结果等。种植者可以根据不同的目的在生长季灵活采用。蓝莓生长季修剪应该与休眠期修剪相结合，生长季修剪及时的果园，可以极大地减少休眠期修剪的工作量，特别是对幼旺树早期结果，提高早期产量具有极为重要的意义。除了衰弱的蓝莓植株以外，蓝莓修剪建议以生长季为主，休眠期为辅。此外，生长季修剪的时期和强度一定要和当地具体的气候条件相结合，以免达不到修剪的预期效果。例如，在辽宁地区的温室生产情况下，为了避免早期形成的大量花芽在当年秋季开花（二次花）或者花芽当年萌动、花芽鳞片部分脱落等现象，而采取采收后极重修剪的方式，将新梢全部剪除，利用新萌发的二次枝重新形成花芽第二年结果。但是，同样的时期和修剪方式，在江苏地区二次枝萌发就不理想，主要是修剪时期的气温过高抑制了二次枝的萌发与形成。

生长季修剪按照修剪的季节又分为春季修剪、夏季修剪和秋季修剪。春季修剪主要内容包括花前复剪和除萌抹芽。花前复剪是在露蕾时，通过修剪调节花量，补充冬季修剪的不足。除萌抹芽是在芽萌动后，除去枝干上过多的萌芽或萌蘖。夏季修剪常在采果后进行，主要目的是短截旺枝促进分枝，通过疏枝抑制树体生长过旺。夏季修剪关键在"及时"。修剪时期越早，产生分枝数量越多，其长度越长，可以促进分化更多花芽。由于带叶修剪，养分损失较多，夏季修剪对树体生长抑制作用较大，因此修剪要从轻。秋季修剪以剪除过密大枝为主，此时树冠稀密度容易判断，修剪程度较易把握。秋季修剪在幼树、旺树和郁闭树上应用较多，可改善光照条件和提高内膛枝芽质量。

修剪时间可以影响来年开花时间。在一些有倒春寒的较寒冷地区，有时希望推迟开花。采果后修剪一般可将来年开花时间后延 1 周。在果子采摘完后，对于果期树修剪的原则一般就是去弱留强，通俗的来讲就是首先进行枝叶的疏剪，也就是将生长过密的枝叶、细弱的枝叶、病虫枝、老枝、枯枝、不结果枝以及结果少的枝条进行疏剪。其次就是还要对蓝莓果树的根蘖进行合理的修剪，主要是将一些长势弱的、生长差的或者是已经老化和腐烂的根蘖修剪干净。最后要注意的就是要合理地进行枝叶回缩更新，并且不断地培养新的结果枝。在秋季温度较高，生长末期能继续生长的地区，冬季霜冻也可能使大部分或全部生长末期所长出的枝梢产生冻害，花芽形成也因此受影响，因此，在这些地区种植的蓝莓树不鼓励采果后修剪。

四、整形修剪的方法

果树基本修剪方法包括短截、回缩、疏剪、长放、抹芽、拉枝、锯剪、平茬等，通过各种修剪方法及其相互配合，充分利用其反应特点，达到持续丰产稳产、优质高效的目标。蓝莓为灌木，修剪方法以疏删为主，短截为辅。以下介绍几种在蓝莓生产上常用的修剪方法。

（一）长放

长放是指对 1 年生枝条不予修剪。长放用在生长势强的枝条上，其顶端可结一至几串果实，其下部可以萌发较多的长势中庸的新梢。长放是幼树快速成型和成年树结果枝组更新培养的基本手法。

（二）疏剪

疏剪是蓝莓修剪中除了强枝长放外最常用的一项技术。包括将整个基生主枝从近地面处剪除或是将主枝上的生长势已趋衰弱的多年生枝组从基部剪除，或将位置过于拥挤的侧枝从基部疏除。疏剪的目的在于改善保留枝条的生长发育条件，利于树冠发育和通风透光，改进果实品质，丰产稳产。

（三）短截

短截是剪去 1 年生枝梢的一部分。短截对剪口下的芽有刺激作用，距剪口越近，受刺激越大，抽生的新梢生长势越强。另外，短截后往往同时除掉了花芽，使结果数量减少，营养生长得到促进。最终的生长情况还与短截的轻重程度有关。如果轻剪，或仅截掉先端有花芽的部分，则总的生长量会超过长放；如果是重度短截，则总的生长量会少于长放。蓝莓生产上一般对徒长枝和基生枝在预定的位置进行短截，目的是控制枝条徒长，促进新梢增殖和花芽分化。对成龄树过长的枝条实施短截，既可解决枝条过高易倒伏的问题，还能防止结果后严重下垂的现象。

（四）回缩

回缩是指将多年生枝组剪去一部分。回缩与短截的区别是回缩的剪口在多年生部位。回缩对剪口后部的枝条生长和隐芽萌发的生长有促进作用。刺激生长的具体表现与剪口上部或下部枝组的长势有关。如果紧靠剪口下端（生物学下端）没有其他大型的枝组，或虽有枝组，但其长势较弱，则剪口以下一定范围内的隐芽会因受到刺激而萌发成为强旺枝；如果剪口以下的枝组长势较强，而被剪掉的枝组已经衰弱，则不会刺激产生大量强旺枝，而会在一定程度上促进剪口后部枝芽生长。回缩的促进作用还与回缩的轻重程度有关。缩剪适度，可促进生长；过重则抑制生长。

（五）平茬

贴近地面将地上部分全部剪除。主要用于定植 15～25 年的高丛蓝莓和兔眼蓝莓老树更新复壮。老树平茬后从基部萌发新枝，更新当年不结果，但之后几年可获得比未更新树更好的收成。

（六）抹芽

用手或枝剪将植株的萌芽和花芽抹除或剪除。一般对幼树或者花芽过多的成年植株进行抹芽（疏花），目的是控制花芽量，不让其结果或控制载量。幼树挂果则成型慢，进入盛果期迟；成年树挂果过多，容易造成大小年，果实品质差，树势衰老快。花量大时，若花果全部保留，有时不但不能增加产量，反而会造成减产。因为花果量大时，营养枝萌发量少，长势弱，营养生长和生殖生长不平衡，一方面容易造成花芽形成量减少，花芽质量不高，减少来年的产量；另一方面，当年的叶、果比失调，果实生长缺乏营养保证，许多果实在白白消耗了许多营养后在成熟前就已脱落，并不能构成产量，没有脱落的果实也难以充分发育。因此，成年树抹去过多的花芽和过旺的萌芽是必要的，目的是调节营养均衡和控制通透条件。花芽可在春季萌动至开花期间抹除，萌芽可在春夏抽梢时进行。将有花芽的部分剪除类似于轻剪的效应，可以促进营养生长。如果仅仅抹掉花芽而不剪断枝梢，花芽两侧的副芽还可以萌发出新梢。这个特性对幼树及因树势衰弱而产生过多花芽的成年树很有好处。

在经常有倒春寒出现的地区，为防止因霜冻危害所造成的损失，可适当多留花芽和花，待确定不会再有霜时再疏除过量的花果。因其他种种原因而未能及时疏花芽时，疏果也不失为亡羊补牢之举。可以通过疏除或短截结果枝进行疏果。也有通过化学方法来疏花疏果的，可极大地节约人工成本，但其效果及对疏花疏果程度的掌握远没有人工可靠。在疏花疏果的程度上，兔眼蓝莓和高丛蓝莓有所不同。在盛果期，兔眼蓝莓的多数品种的单株产量一般应控制在 5~8kg，高丛蓝莓应控制在 3~5kg。具体控制程度要因品种和植株长势而定。

（七）拉枝

用拉枝手法将倾斜角过大的歪枝扶正或将直立枝拉成最佳角度。如直立型蓝莓品种，成年树中心部位郁闭，可利用拉枝将主枝向四周拉开，使中心部位敞开，改善通风透光状况。

（八）刈割或烧剪

主要在矮丛蓝莓上采用。在休眠期将植株地上部全部剪除或烧掉，刈割或烧剪后，从根茎部或枝干基部发出强壮的更新枝条。新枝当年形成花芽，第2年开花结果。以后每2年刈割或烧剪1次，始终维持壮枝结果。刈割下来的枝条粉碎后留在果园内，可起到覆盖土壤和提高土壤有机质含量的作用。

五、修剪基本步骤

按照一些基本步骤进行修剪可以提高工作效率。第一步，先观察树形树势；第二步，剪除下部斜生、下垂枝，疏除所有病死枝、枯死枝、衰老枝，选留基部萌发的强壮基生枝3～5个，其余的全部疏除；第三步，剪除选留主枝上的细弱枝、病枝、过密枝、交叉枝、重叠枝，主要考虑通风透光问题；第四步，上部枝条的修剪，主要是控制载果量，维持壮枝结果；第五步，再整体观察，查漏补缺。

（一）幼树修剪

定植后1～3年的幼树，枝叶量少，树形尚未形成。幼树期栽培管理的重点是促进根系发育、扩大树冠、增加枝叶量，在修剪上以去除花芽为主。对脱盆移栽的幼树仅需剪除花芽及少量过分细弱的枝条或小枝组。对于不带土移栽的裸根苗，除去疏除花芽外，还需疏除较多的相对弱小的枝条，仅留较强壮的枝条。修剪的强度和苗木根系质量、当地的气候状况以及管理水平有关。定植成活以后的第一个生长季，尽量少剪或不剪，以迅速扩大树冠和枝叶量。但对于管理好、生长十分旺盛的幼树，当植株上部的枝条已经形成较好的树冠，下部或中部的原有辅养枝因得不到充足光照而变成影响通风透光的养分消耗者时，即应及时疏除。3年生以前的幼树在冬季修剪时，主要是疏除下部细弱枝、下垂枝、水平枝及树冠内膛的交叉枝、过密枝、重叠枝等；还可通过轻度短截剪去枝条顶端的花芽。如果花芽量很大，剪除花芽对树冠的大小影响较大时，也可以抹掉花芽，以利于树冠的扩大。花芽被抹掉后，有些花芽两侧的副芽会萌发抽枝。在短截枝条时，留存的枝条应有长有短，错落有致，以便剪口以下的新梢合理占据各自的空间。

由于修剪量轻，春季抽生的新梢保留数量较多，往往造成新梢生长势相对较弱和过分拥挤。为防止这种现象的出现，在春季萌芽后，应尽早有选择地抹除部分新梢，以加强留存新梢的生长势，促进树冠尽快向外围和高处发展。通过这样的修剪，在土、肥、水管理配套的情况下，3年生兔眼蓝莓的许多品种，树高可达2m，冠幅可达1.2m；高丛蓝浆果树高可达1.5m，冠幅近1m。

1. 兔眼蓝莓幼树修剪

在定植裸根苗时，多数情况下将植株顶端的1/3～1/2剪掉，同时剪除所有低枝、毛刷状枝，仅保留1～3个较高的枝干并进行短截修剪，通过上述修剪使根系和地上部达到平衡。此外，抹除大部分花芽，使植株枝叶在春季和夏季能快速生长。

在第二个生长季开始前，剪除所有低于30cm的低枝、毛刷状枝，这些枝条上的果实不易保证果实质量和果面清洁，无法通过机械进行采收，人工采收也极为不便。对于计划用机械采收的果园而言，首先要确定采收机可采收果实的高度下限。通过修剪将植株基部宽度控制在采收机接收盘宽度至大于接收盘宽度20cm的基部宽度。如果是计划通过人工进行采收，植株冠幅就不是首要考虑因素，但也要控制在易于操作的范围内。对于长势极旺盛的直立生长而没有分枝的枝条，应在100～120cm处将其顶部剪除以促进分枝。在第三、第四、第五个生长季开始之前，剪除所有过于低矮的枝条，剪掉所有受损折断的枝条。采后将长势极旺的长枝条短截1/3。

2. 高丛蓝莓幼树修剪

刚移栽及随后的第一个生长季将花芽抹除。在两个生长季之后，可以适当保留一些花芽，也就是说在定植后第三个年头能有少量收成。根据植株总体长势，2～3年生植株每个主枝上的结果量通常控制在2串以下。通过控制幼树的产量促进植株尽快成型，尽早丰产。研究人员进行了为期4年的去除花芽对"Duke""Bluecrop""Elliott"幼树生长和产量的影响研究，结果表明，过早产果显著降低各品种的根系、树冠及新枝重量。过早产果使"Elliott""Duke""Bluecrop"第四年产量分别降低了44%、24%、19%。"Duke"和"Bluecrop"过早产果处理和去除花芽处理的累积产量基本相似，而"Elliott"过早产果处理的累积产量比对照下降了20%～40%。

　　生长在温暖南方气候地区的高丛蓝莓只要3～4年即成年，而在北方寒冷气候地区生长的植株要6～8年才进入成年。因此，南方高丛蓝莓和北方高丛蓝莓的修剪方式有所不同。就北方高丛蓝莓而言，一般建议每年萌生的基生新主枝仅保留2个，其余全部剪除，直至植株达到成年。而对南方高丛蓝莓来说，在最初的2～4年，长势旺的植株通常不进行修剪，或是对萌生新主枝进行疏剪，每年仅保留最强壮的3～4个新主枝。根据品种产生新枝的能力不同，修剪得当的成年北方高丛蓝莓和南方高丛蓝莓植株应包含10～20个不同枝龄的枝组。

（二）成年树修剪

　　定植后3～5年的树既具有少量结果的能力，也处于长势较强的时期，是塑造良好树形最关键的时期。修剪时既要考虑保持树体快速生长，也要考虑适当提高挂果能力，为进入丰产期创造好的基础。这时期的修剪，要留强去弱，保持壮枝的长势，并在合适位置适量挂果。进入盛果期后，树冠的大小已经基本上达到要求，应开始控制树冠的进一步扩大，并把有限的空间留给生长较旺盛的枝条或枝组。这时，应疏除树冠各处的细弱枝，在组成树冠的各主要结果枝组中，已有部分开始走向衰弱，要有计划地逐步由新生枝组取代。大枝的回缩分步骤进行，即先回缩1/3～1/2，等到回缩更新后的大枝再次衰弱时，加大回缩力度，剪去2/3甚至从近地面处剪除；如果枝组已严重衰老，也可以从根部一次疏除，由新的、生长势强的大枝取代。采用这种逐年分批更新的方法，比整株衰老后一次性更新要好，这样既能延缓树体衰老，又能减少产量损失。

　　枝组和大枝的衰弱是相对的，并没有绝对的标准。是否需要疏除或回缩，取决于树体的通风透光状况，疏除的原则是去弱留强。随着树冠的扩大，树冠外围的枝条可能会与相邻植株发生冲突，这时可对其中一方或双方进行回缩，原则仍是去弱留强。另外，在非机械采收的蓝莓园中，植株之间没有固定的边界，它们在果园中所占据的空间不一定是均等的，必要时可以让强壮的植株占据更多的空间。对于成年树而言，去弱留强要辩证地理解。当某些较强壮的枝条影响相邻植株的生长时，或对本身树体结构的均衡性造成不利时，仍以去掉最强壮的枝条而保留相对强壮的枝条或中庸枝比较好。

1. 兔眼蓝莓成年树修剪

进入成年后兔眼蓝莓植株高度可达 2～3m。如果没有很好的修剪控制，结果面常常限于树冠的上部，并逐年往高处推移，使采收变得困难。通过修剪控制树体大小，去除没有产果力的老枝，对株丛年老衰弱部分进行更新复壮。

不同类别兔眼蓝莓种植园的修剪有所差异，采用何种修剪方式取决于是作为采摘园还是商业种植园以及果园规模大小。

（1）采摘园修剪　多数中小型采摘园采用修枝剪、长柄枝剪和锯子进行人工修剪。剪除全部低枝和已经衰弱的老枝，尤其是株丛内膛的衰老主枝，使植株不含 6 年以上枝龄的主枝。短截枝条，控制树高在 1.8～2.1m，以方便采摘。剪除枯枝、断枝、细枝、极短枝和受损枝条。如有必要，需要疏花以减小果实负载量。对于 8 年生以上植株，建议从基部剪除 1/5～1/4 基生主枝，尤其是细弱主枝，以便新枝萌生形成新的挂果骨架，保留 5～10 个健壮的主枝。偏离树行的根蘖也应剪除，方便采收和施用除草剂。通过人工修剪塑造枝条向外生长，内膛敞亮通透的直立杯状树形，也易于手工采摘，但耗时费工，这种修剪方法每株耗时 5～15min。

有些品种，如"顶峰"，萌生基生主枝能力弱，这类品种以进行短截或回缩为主，而不是剪除整个主枝。

（2）商业种植园修剪　兔眼蓝莓大型商业种植园也可以手工修剪，但人工成本过高。这类果园通常采用机械修剪。即在果实采收之后用圆盘锯在树冠距地面一定高度处非选择性去顶，或是在采后每隔 1 年将株丛一半去顶，这样不仅可以控制植株大小，产量也不至于显著降低。"顶峰"在剪除顶部 50% 后的第二年、第三年产量最高，剪除顶部 25% 后产量不会降低。去顶修剪的株形和手工修剪的差别很大。机械去顶修剪属于短截，大量新枝从紧靠去顶部位下方处萌生，而去顶后的树冠中部和下部很少有新枝萌发。不建议对生长势极强的品种（如"梯芙蓝"）进行去顶修剪，因为这类品种去顶后会萌生大量不挂果的枝条。机械去顶不能去除内膛的弱枝、病枝、枯枝、交叉枝及重叠枝，也不能对植株进行更新复壮。因此，在机械修剪基础上，还需要适当的人工修剪进行补充。

（3）机械采收园修剪 机械采收园株丛需要采取特别的修剪方式以塑造适合机械采收的树形。采收机的尺寸大小决定了可以让植株生长多大。根据一般的经验，如果枝条相对柔软，植株冠幅可以比采收机宽15～30cm，植株高度可比采收机采摘室高15～30cm，在这种情况下，果实损失较少；假如枝条较为脆硬，那么植株大小不应超过采收机大小。现有的采收机采收室下部开口宽度在53～71cm。对于起垄种植的兔眼蓝莓而言，垄的顶部宽度要小于采收机采收室下部开口宽度，这样植株下部低矮部位的果实也能被采收到。从幼树开始整形使其形成最适合机械采收的树形。将植株基部周围萌生的新枝全部剪除以免其阻碍机械运行。植株基部大主枝数量控制在5～10个，且应使其紧挨在一起呈簇状。通过修剪控制树冠高度，以便采收机械从行上驶过。夏季采后机械修剪对于机械采收园来说是必需的，尽管这会造成产量下降。美国佛罗里达"顶峰"的修剪在7月初至8月中旬进行，株高控制在91～137cm，"梯芙蓝"在7月中进行修剪，株高控制在137cm左右，这样形成的株形最适宜机械采收。

2. 高丛蓝莓成年树修剪

对于进入成年期的植株，修剪的程度一定要足够重，以促进产生强壮新枝。重度修剪提高果实大小，促进提早成熟，但产量降低。在休眠季节，将最大的主枝从基部剪除，让光线尽可能照射到株丛内部。在选择剪除哪些主枝时应考虑其整体状况，那些衰弱的或是染病的主枝应优先考虑剪除，其次是下垂枝或机械损伤枝。在极度严寒地区的果园，通常要到深冬时节才开始修剪，这时能剪除因极端严寒死亡的主枝。修剪的剪口应尽可能贴近主枝，不留残桩。在美国密歇根州，修剪主要侧重于整个主枝的剪除，而在智利和西北太平洋沿岸地区，修剪主要集中在去顶以维持生殖生长和营养生长平衡。

研究人员研究了将成年"Jersey"植株总叶面积的20%～40%剪除后对之后3年单果重、果实数量及单株产量的影响。结果表明，修剪显著降低了剪后第一年的果实数量，但第二、第三年处理间没有显著差异。剪后第一年和第三年，修剪处理的单果重显著提高。剪后第一年，修剪强度和单株产量呈负相关，但在第二、第三年不同修剪强度对单株产量没有影响。修剪处理萌生更新主枝的数量显著增加。他们得出的结论是中度修剪会降低第1年产量，但通常单果重增加，此外，修剪促进强旺新枝萌生阻止产量下降。

研究人员在美国俄勒冈州对"Bluecrop"和"Berkeley"两个品种的成年植株开展了为期5年的修剪强度对单果重、产量及采收效率的影响研究。试验处理包括常规修剪，包含剪除产果力最差的主枝、疏剪一年生枝条、剪除植株顶部弱枝、过度结果枝；速成修剪，将1～2个产果力最差的主枝从基部剪除；不修剪（对照）。结果表明，不修剪（对照）的产量最高，但常规修剪处理大果率为27％，且采收期缩短一半。常规修剪处理果实始熟期比对照的提早5天。速成修剪处理的各个测定指标居中。

3. 老树更新修剪

尽管盛果期后的蓝莓树仍能在较长时期内保持产果能力（如兔眼蓝莓可保持经济产量达25年之久，甚至更长时间），但由于管理不善等原因，很多植株在定植15～25年后生长势衰弱，产量及品质严重下降，此时需要进行整株更新复壮。方法是紧贴地面剪去地上部，若要留桩应控制在2cm以下。利用新萌生的健壮基生枝重新组成树冠。更新当年没有产量，第二年开始有少量产量，第三年后可获得比未更新树更高的收成。

在整个果园进入衰退期后，在树体完全衰老之前就应考虑重新定植新的植株，而不是连续通过重修剪或平茬进行更新复壮；要在新植株不断成长的同时不断回缩老植株，直至最后完全剔除老植株。

（1）兔眼蓝莓更新修剪　通常采用选择性修剪的方法进行主枝更新。每年或隔年将植株内膛1～3个长势趋弱老枝从近地面处疏除，每年剪除株丛的15％～20％，5～6年完成整个株丛更新，对产量不会造成太大影响。多年不修剪的植株结果部位外移，仅在树冠顶部很小范围内结果，果实大小和品质均下降。这类植株需要齐地平茬重剪或平茬至距地表一定高度，剪除所有主枝。大量枝从株丛基部萌生，将大部分基生新枝疏除，保留5～10个生长势强的基生新枝作为复壮植株树体的新骨架。平茬复壮之后第一年没有产量，第二年开始有少量产量，第三年产量中等甚至获得比较好的收成。这类修剪只适用于可忽略不计的低产植株或是在特定年份在种植园局部进行，以减轻由此造成的产量下降。

通过夏季适度绿篱式削顶修剪和剪除株丛中部分老主枝相结合的方式逐渐进行植株的更新复壮是最好的方案。建议在夏季将旺盛生长的基生主枝进行去顶或短截，以促进其产生分枝。有时采用重度绿篱式削顶修剪方法对兔眼蓝莓进行更新复壮。其中一种是在采后将株丛半边从 90cm 处去顶，另外半边在 2～3 年后再进行同样去顶处理。当因冻害绝产时，应在当年内完成更新修剪。更新复壮的最佳时期是 5 月。过早的话植株会再次过度生长；过迟则不能形成花芽。

（2）高丛蓝莓更新修剪　　高丛蓝莓通常在第 8～10 年达到最高产量。此时应高度重视修剪措施，否则产量和品质将逐渐下降。建议对这类植株进行系统更新修剪。通过持续多年的更新修剪能够在保持产量和品质基础上，确保维持树势。

最好在株龄 6 年左右开始进行更新修剪。首先，将衰弱的、有病害的主枝整个剪除；接着，在选留的主枝中，从较老的主枝开始，将每个枝龄段中的 2 个主枝回缩修剪至强旺侧枝处或距地面 30cm 处。通常会有强壮新枝从剪口下方萌生。因此，经过 4～5 年的时间，这些新的主枝就组成了一个新的植株构架。对于一个已经多年没有修剪的老果园，要想重新获得高产，大量修剪工作是必需的。其中一种修剪方式是除了保留极少数产果力还很高的主枝外，其余所有主枝统统剪除。这样做产量会急剧下降，但至少选留的一些主枝上还有一些收成。在之后的年份里，有大量新枝萌生，必须每年对这些新枝进行疏剪，直至新老主枝达到合理的比例。另一种修剪方式也很有效，即将所有主枝从地表处剪除，次年没有产量。研究发现将大的、衰弱的"Jersey"齐地锯掉后，第二个生长季其产量比不修剪对照高。

4. 夏季修剪

（1）兔眼蓝莓夏季修剪　　生长势极旺的兔眼蓝莓宜采用夏季修剪＋冬季修剪相结合的方法进行修剪。7 月底之前，对高出树冠范围之上的徒长性新枝进行短截，低于树冠范围的新枝则短截至其长度的 1/2 左右。夏季修剪不宜过晚，否则新萌生的侧枝将不能形成花芽。7 月底前将高于结果面的新枝通过机械或手工去顶短截是非常有益的。这些枝条经修剪后会产生分枝，形成花芽。

夏季进行适度绿篱式削顶修剪有助于很多因采后修剪过重而成熟较晚的兔眼蓝莓品种恢复生长，形成足够多的花芽，保障来年产量。采后立即对长势旺的枝条进行适度绿篱式削顶修剪不会剪掉过多当年生枝条，对来年产量不会产生影响。绿篱式削顶修剪的理想树形是呈45°的屋顶式，有时也可修剪成平顶式。绿篱式削顶修剪的最矮高度通常为1.5m。修剪的高度取决于采收方法或采收机尺寸。每年进行绿篱式削顶修剪时，剪口高度应比上年剪口往上提高5～8cm，以减少从剪口上发出过多枝条。随着时间推移，株高不断增高，有必要将植株回缩修剪至100～120cm，逐渐更新株丛。

（2）高丛蓝莓夏季采后修剪　除了冬季修剪，通常还在采后用往复式割草机或绿篱机将南方高丛蓝莓从树冠100～120cm处进行削顶修剪。这种修剪方式比手工精细修剪快很多，主要目的是控制植株大小、减少病虫害发生、防止负载过量，在一定意义上还可增强植株抗旱性能。

在美国佛罗里达州，已将采后立即进行夏季修剪作为促进南方高丛蓝莓植株产生大量新枝，减少叶片病害，改善植株内膛通风透光的重要措施。在美国北卡罗来纳州东部，采后将早熟北方高丛蓝莓和南方高丛蓝莓进行绿篱式削顶修剪已成为一种普遍做法。采收之后（通常在6月）及时进行修剪很重要。高丛蓝莓大部分花芽通常在夏末和秋季抽生的枝条上分化形成。在采用人工采摘供应鲜果的果园，往往会控制植株株高。通常的做法是将植株剪成屋顶式树形，树冠中央最高处为120cm，边缘高度为100cm。修剪高度每年提升或降低2.5cm。枯枝去除及部分枝条更新应在冬季进行。这些南方高丛蓝莓的修剪方式应在具体生长环境条件下，先对不同品种进行试验研究，成功后再大面积应用。

在美国北卡罗来纳州一个成年"O'Neal"果园中，研究人员在6月中旬进行了7种修剪处理对产量及构成因素影响的研究：①不修剪对照；②剪除衰弱的、受损的主枝并对植株进行整形；③剪除衰弱的、受损的主枝，剪除受损及花量过多枝条并对植株进行整形；④不剪除主枝，从100cm处进行绿篱式削顶修剪；⑤从100cm处进行绿篱式削顶修剪，剪除衰弱的、受损的主枝并对植株进行整形；⑥不剪除主枝，进行屋顶式去顶修剪，树冠中部留高120cm，下缘高61cm；⑦进行屋顶式去顶修剪，树冠中部留高120cm，下缘高60cm，剪除衰弱的、受损的主枝并对植株进行整形。结果表明，不修剪处理的产量最高，但修剪处理的单果重最高且可保存更长时间。不同修剪处理对采收时间没有影响。

　　不管是南方高丛蓝莓，还是北方高丛蓝莓，在很多地方都开展了在夏季剪除主枝的试验研究。这类修剪方式主要目的是促进侧枝发生，缓和树势。夏季剪除主枝的时期非常重要，因为修剪后侧枝数量及长度取决于修剪时期早晚。通过在适宜时期进行修剪促使萌生适量强壮侧枝，同时促进形成足够多的花芽，为来年丰产打下基础。尽管夏季修剪通常是在采后不久进行，但仍然需要监测营养芽的生长发育，因为，先前形成的芽和枝条的生长发育会降低修剪反应。不同品种对夏季修剪时间的反应有很大差异。

　　研究人员以南方高丛蓝莓"O'Neal"和"Star"、北方高丛蓝莓"Elliott"为试材，研究了夏季修剪日期对其侧枝生长、花芽形成、采收日期及果实重量的影响。结果表明，12月15日～3月15日（南半球），以1个月为时间间隔，在不同时间将枝条短截至20～30cm。12月中旬修剪处理的"O'Neal"和"Star"侧枝数量最多，枝长最长，每个新萌生的侧枝上花芽数最多。12月或1月修剪处理的果实显著大于不修剪处理或修剪处理过晚的（2.0g：1.0g）。这两个品种次年果实采收时间均推迟14天。北方高丛蓝莓"Elliott"对修剪的反应较"O'Neal"和"Star"弱。11月之后修剪的"Elliott"植株不能萌生侧枝。修剪处理的"Elliott"果实显著增大（1.7～2.0g），采收日期推迟7天。本研究得出的结论是，如果修剪日期较早，夏季修剪可提高"O'Neal"和"Star"的产量和果实品质，否则适得其反。要对诸如"Elliott"这类品种进行夏季修剪的话，修剪时期应尽量提早，且修剪应局限于非常旺盛的主枝。他们还推测，营养芽的休眠状态极大影响修剪反应。

　　目前我国蓝莓产业正处在栽培面积及产量快速增长阶段，由数量扩展型向质量效益型转变，整形修剪技术作为蓝莓栽培综合管理的关键一环将发挥重要作用，但也不能片面夸大整形修剪的作用而过分依赖修剪。整形修剪是在一定生态条件下，相应农业技术措施的基础上，根据各品种的生物学特性和生长发育规律，对生长发育采取调控的技术措施。要因时、因地、因品种、因树龄和树势不同而异，同时必须以良好的肥水管理为基础，以病虫防控为保证，整形修剪才能充分发挥作用。

第六章

无公害蓝莓病虫害防治

病虫害防治是蓝莓栽培管理中的重要环节。各种病虫害主要危害蓝莓的叶片、茎干、根系及花果，造成树体生长发育受阻、产量降低、果实品质降低甚至失去商品价值。蓝莓生长在酸性土壤中，叶片偏酸性，大多数虫子不喜欢取食，所以虫害发生较轻，但仍需定期调查虫害发生情况。据调查，危害蓝莓的害虫达 9 目 57 属 292 种。危害比较普遍和严重的主要有蔓越橘根蛆虫、蓝莓茎干蟆虫、蓝莓花象甲、蓝莓茎虫瘿和蓝莓蛆等。防治原则主要有依靠蓝莓自身的抗性，建立良好的田间管理，培育健壮植株以及利用天敌等，这样可以控制大部分病虫害。现就蓝莓种植中常见的几种病虫害做相关介绍。

一、常见真菌病害与防治

（一）蓝莓灰霉病

蓝莓灰霉病是目前蓝莓生产上，尤其是保护地蓝莓生产上发生的对产量影响最大的病害，在我国各个蓝莓产区均有发生。

1. 为害症状

蓝莓灰霉病主要为害蓝莓的花、幼果、果柄、新梢、叶片等幼嫩的组织。花期被侵染后，花序会枯萎。幼果上若残留花器较多，遇潮湿天气极容易感病，残留花器最早出现腐烂，后期出现灰色霉状物，病残体接触植株其他部位极易引起二次侵染。幼果发病主要从果实萼片边缘侵入，前期出现淡褐色水渍状斑，迅速扩散到整个果面呈褐色，后期病斑凹陷腐烂。果柄发病，初期出现变褐皱缩，引起上部幼果枯死。新梢发病主要从基部侵入，初现褐色水渍状，后嫩梢死亡。叶片被侵染后，若病原从叶片尖端侵入，初期多从叶片尖端形成 V 形病斑，逐渐向叶片内部扩散；如果从叶缘侵入，则病变呈圆形或不规则形状，随时间增加，病斑颜色由浅入深，具轮纹状。潮湿天气下侵染部位均可出现稀疏灰色霉层。

2. 病原

蓝莓灰霉病病原为灰葡萄孢菌（*Botrytis cinerea* Pers.），属半知菌亚门，葡萄孢属真菌。其分生孢子梗淡褐色，有隔膜，略弯曲，顶端分枝，分枝末端小梗上聚生大量分生孢子，分生孢子椭圆形或卵圆形，单胞，淡褐色或无色。菌核黑色不规则，该菌生长的温度范围为 5～30℃，最适生长温度为 20℃；孢子最适宜的萌发温度为 20～25℃；超过 30℃菌丝生长完全受到抑制。该菌在 pH 为 4～12 的范围内均可生长，生长最适 pH 为 5～6。

3. 发病条件

蓝莓灰霉病喜低温潮湿，多发生于阴冷多雨的天气和管理不当的温室中。一般低温高湿的环境下灰霉病容易大面积流行。环境温度在 15～22℃，湿度达 90％以上时，蓝莓灰霉病容易发生。作为一种腐生真菌，当田间管理不当造成树势生长衰弱时更容易发生灰霉病。

4. 病害循环和发生规律

灰霉病菌以菌核、分生孢子和菌丝体随病株残体在土壤中越冬。菌核内层为疏松组织，外层为拟薄壁组织，表皮细胞壁厚，较坚硬，可抵御不良环境。有研究显示菌核在土壤中可存活 7～10 个月之久，待条件适宜时开始萌发产生大量的分生孢子，分生孢子成熟后从分生孢子梗脱落，借外力传播，进行侵染。分生孢子一般通过自然气孔、机械伤口或从衰老的器官和幼嫩组织侵入。蓝莓谢花后花瓣残体不易脱落，若碰上连续阴雨天气，花瓣残体迅速腐烂并形成灰色霉层，对幼果和嫩梢形成二次侵染。低温高湿的环境最易造成该病的流行，植株枝叶过密、生长势衰弱、通风透光不良、机械损伤、虫伤和日照灼伤均能加重该病的发生程度。

5. 防治措施

（1）农业防治　选用抗病品种，或选种早熟、晚熟品种，避开多雨季节开花。

做好园区清洁工作，结合冬季修剪清除田间病株残体等，要做到彻底清园并集中烧毁。在生长季发病，要及时摘除病叶、病果等发病部位，并进行喷药，防止病菌的再次侵染。阴雨天避免浇水，温室内要加强通风排湿工作，控制设施内的空气相对湿度小于 65%，可以有效地防止和减轻灰霉病的发生。由于蓝莓枝梢萌发量大，因此要加强抹芽、摘心等管理，增加通风透光次数，降低树体内部湿度，从而达到减轻病害流行的目的。不偏施氮肥，防止树势徒长，增强植株自身的抗病能力。蓝莓花谢后，有些品种残花不容易脱落，应及时清除残花或用棍棒轻敲树体震落残花，减少二次侵染来源。

（2）药剂防治　以早期预防为主，掌握好用药的 2 个关键时期，即初花期（3 月 20 日前）、果实膨大期（5 月中旬），应抓住侵染适期，重点保护蓝莓果不受侵染膨大。可用 40%嘧霉胺可湿性粉剂 750～1000 倍液、50%腐霉利可湿性粉剂 1200～1500 倍液。也可用 1.5 亿活性孢子/g 木霉素可湿性粉剂＋98%苦参碱水剂 300～600 倍液全园喷施。

（二）蓝莓锈病

1. 为害症状

受害叶片上出现棕红色锈斑，叶片背面形成红褐色夏孢子堆，病叶变黄，落叶早。病菌以菌丝体在转主寄主组织内越冬，春季遇雨水冬孢子吸水膨胀，借助雨水传播侵染蓝莓幼嫩组织，导致树木生长势下降，影响花芽形成的数量，进而降低产量。

2. 病原

蓝莓锈病病原为膨痂锈菌科，膨痂锈菌属，具有全循环型转主寄主生活史。转主寄主有冷杉属（*Abies*）、铁杉属（*Tsuga*）、云杉属（*Picea*）等针叶树。其锈孢子阶段寄生在转主寄主上，夏孢子和冬孢子则寄生在蓝莓上。

3. 发病条件

蓝莓锈病病菌有转主寄生的特性，必须在转主寄主针叶树木上越冬，才能完成其生活史。若蓝莓种植园周围半径 5km 范围内没有转主寄主，蓝莓锈病则一般不能发生。蓝莓旺盛生长期，如遇长时间阴雨天气，则蓝莓锈病发生较重。

4. 防治措施

（1）农业防治　清除蓝莓种植园周围半径 5km 以内的冷杉属、铁杉属、云杉属等转主寄主，是防治蓝莓锈病最彻底有效的措施。在新建蓝莓园时，应考虑附近有无针叶类树木等转主寄主存在，如有少量应全部清除，若数量较多，且不能清除，则不宜作蓝莓园。

（2）药剂防治　若已经建立的蓝莓园周围转主寄主不能清除时，则应在 4 月上中旬（蓝莓树发芽前）向转主寄主喷杀菌农药，如石硫合剂、波尔多液等；若蓝莓叶片上已经发现锈病，则喷施 20％三唑酮乳油 600 倍液。注意花期不能喷药，防止发生药害。

（三）蓝莓炭疽病

1. 为害症状

炭疽菌几乎可侵染蓝莓叶片、枝条、花果等各个器官，叶片发病初期在叶缘或中央开始，出现水渍状棕褐色斑点，后期变成深褐色或黑色、近圆形、中央稍凹陷边界明显的病斑，天气干燥时，病斑中央呈灰白色，表皮下埋生小黑点，严重时造成叶片脱落。幼嫩枝感病，发病初期出现水渍状棕褐色斑点，后期呈梭形、长条形或不规则形，病斑凹陷，中央呈灰白色，病斑周围有棕褐色晕圈，或枝条病斑的中心开裂，偶尔表面着生黑色的小黑点，即病原菌的分生孢子盘。果实受侵染后在未成熟时没有任何症状，只有在果实成熟后，才开始出现果腐的症状，最初表现为果实变软、皱缩，凹陷处出现凝胶状、橙黄色的分生孢子堆，这是炭疽病的显著特征。被侵染的果实最终皱缩并脱落。染病后的果实即使收获时外表健康也会很快腐烂，还可能导致蓝莓采收后微生物超标，影响产品安全。

2. 病原

该病的病原主要为炭疽菌属（*Colletotrichum*）的两个种类尖孢炭疽菌（*Colletotrichum acutatum*）和胶孢炭疽菌（*C. gloeosporioides*）。两者可单独侵染也可复合侵染。尖孢炭疽菌（*C. acutatum*）在 PDA 培养基（马铃薯葡萄糖琼脂培养基）上，菌落呈圆形，边缘整齐、平铺，气生菌丝和基生菌丝均发达，菌丝初期为白色，逐渐变为橘红色，菌落后期变为橄榄绿色或青灰色，具有明显的同心轮纹。菌丝有隔，分枝，分生孢子梗及分生孢子均无色，单胞，纺锤形，末端锐尖。

胶孢炭疽菌（*C. gloeosporioides*）在 PDA 培养基上，菌落呈圆形，气生菌丝发达，初期菌落为白色，5~6 天后逐渐变为浅灰至深灰色，产生橘红色分生孢子团。分生孢子梗无色至褐色，具分隔，分生孢子无色，单胞，圆柱状，两端钝圆或一段稍窄。

3. 病害循环和发生规律

病原菌在植物病残体或土壤中以菌丝体或分生孢子的形式越冬，翌年病原菌孢子靠风雨、灌溉等传播，侵染植株。病原菌的菌丝生长和产孢适宜温度为 10~35℃，侵染最适温度为 28℃左右，高温高湿有利于病害流行。因此，夏季连续阴雨天、相对湿度较高的情况下会引起炭疽病突发性传播和侵染。

4. 防治措施

（1）农业防治　修剪清除感病枝条、叶片及果实，并清除田间杂草，减少侵染来源，尽量采用滴灌而非喷灌，减少分生孢子的传播。加强田间通风透湿，降低植株内部湿度，适当修剪蓝莓植株，防止植株郁闭。及时采收，果实采收后要放置在冷凉处，若能在采收后 2h 内进行预冷则能更好地防病。

（2）药剂防治　秋季落叶后或春季花芽萌动前喷施石硫合剂可以

有效消灭越冬的病原菌。花期至果实未成熟前每隔 10～15 天喷施一次75％百菌清可湿性粉剂 600 倍液或 50％多菌灵可湿性粉剂 800 倍液，连续喷施 2～3 次，可有效控制病害发生。

此外，采用更加绿色环保的手段防治作物病虫害是未来农业发展的方向，国内还未见到采用生物防治蓝莓炭疽病的报道，但与蓝莓炭疽病菌同源的芒果炭疽病、草莓炭疽病的生物防治已有研究，解淀粉芽孢杆菌 AiL3 菌株、内生枯草芽孢杆菌 HBS-1 发酵液、低聚糖素、丁香和黄芩中草药提取物都对芒果炭疽病有很好的效果，大黄素甲醚水剂对草莓炭疽病也有很好的效果，在防治蓝莓炭疽病时可借鉴试用。

（四）蓝莓僵果病

在国外，蓝莓僵果病是蓝莓生产中分布最广泛，为害最严重的真菌性病害，目前国内发生较少。

1. 为害症状

该病主要为害幼嫩枝条和果实，典型特征是蓝莓感病后，幼嫩枝条枯萎，果实干瘪皱缩形成僵果。侵染初期，造成新叶、新梢、花序的突然萎蔫、变褐，类似霜冻的症状，但在潮湿的环境条件下，叶基部会出现棕色或灰色的分生孢子堆，花梗上会出现灰色孢子层。结果初期感病，受害果实外观无异常，将果实切开后，可见白色海绵状菌丝，随着果实的成熟，果实逐渐萎蔫、失水，果色呈粉红色至淡褐色。果实变色初期质地变软，且果实表面形成小褶皱，后期随着果实的枯萎，质地变坚硬，病果在采收前即大量掉落。

2. 病原

蓝莓僵果病病原为链核盘菌属真菌。PDA 培养基上菌落棕褐色至淡棕色。分生孢子链状排列，柠檬形或近球形，无色、光滑。

3. 病害循环和发生规律

该菌在落于地面的僵果中以假菌核的形式越冬。早春，当温度达

10℃左右时，假菌核开始萌发，形成褐色喇叭状的子囊盘。子囊盘内壁是表层排列紧密的子囊，每个子囊内含有 8 个子囊孢子。子囊孢子随风传播，首先为害新梢，引起幼嫩枝条和叶片的枯萎，此阶段为初侵染；枯萎组织上产生分生孢子，通过风、雨、昆虫等媒介将分生孢子传播到花朵的柱头上，此为再侵染；分生孢子萌发后进入花柱和子房，为害果实，形成僵果，完成其生活史。早春雨水较多、空气湿度高的地区发病较严重；冬季低温时间长的地区发病较严重。

4. 防治措施

（1）农业防治　秋季，将果园内的病株残体、落果集中烧毁或掩埋，清除该病的初侵染源。早春，进行行间耕作或在植株下适当进行土壤粗筛可以起到清除初侵染源的作用。或者在早春时，喷施0.5％尿素，可以在子囊盘形成期破坏子实体结构，有效控制初侵染。

（2）药剂防治　开花前使用适合的杀菌剂可以控制生长季发病，可喷施 70％代森锰锌可湿性粉剂 500 倍液、50％多菌灵可湿性粉剂 800倍液或 70％甲基硫菌灵可湿性粉剂 10000 倍液。

（五）蓝莓拟茎点枝枯病

由拟茎点霉侵染蓝莓引起的枝枯病，1975 年该病在美国印第安纳州和密歇根州蓝莓主产区流行导致减产严重。近几年来，在山东半岛蓝莓产区也发现该病。

1. 为害症状

受害蓝莓嫩枝上形成褐色的病斑，病斑在嫩枝上扩展，引起嫩枝枯死，后期嫩枝褪色变白，在病斑处产生大量的分生孢子器，潮湿时溢出分生孢子角；芽受侵染后变褐坏死；剖开受害组织，皮层稍变黄，而包括维管束、木质部和髓部在内的中柱部分变为褐色，且褐色是从中柱部分由外向内逐渐变淡。该病危害严重，其受害严重植株的大多数枝条将会枯死甚至整株枯死。

2. 病原

该病原菌为乌饭树拟茎点霉（*Phomopsis vaccinii*），越橘间座壳（*Diaporthe vaccini*）的无性阶段，属子囊菌亚门（Ascomycotina），核菌纲（Pyrenomycetes），间座壳科（Diaporthaceae）。

在自然基质上载孢体为分生孢子器，散生或聚生，初埋于树皮下，成熟后外露，暗褐色至黑色，球形，近球形或不规则形。分生孢子器壁厚，具孔口，单腔室。分生孢子器产生两种类型的分生孢子，甲型孢子无色，单胞，卵圆形至椭圆形，有两个明显的油球，能萌发乙型孢子；乙型孢子无色，单胞，线形，一端常呈钩状，无油球，不能萌发。

在 PDA 培养基上 28℃培养 5 天后菌落直径达 75mm，菌落白色至乳白色，表面出现 3～4 道界限明显的环痕，毛毡状，边缘锯齿状，背面同色。培养后期菌落上出现稀疏的黑色分生孢子器，聚生，黑色，近球形或不规则形，顶端呈乳突状，大小不一，单腔室，分生孢子器壁厚。分生孢子器后期释放出黄色分生孢子角。分生孢子梗具有分枝，1～2 个隔膜，无色；产孢细胞内壁芽殖型，瓶梗式。

3. 病害循环和发生规律

该病害侵染周期长，在连续侵染下，蓝莓可整株死亡。此外，该病菌也可侵染蓝莓的果实和叶片，导致果实腐烂。由于目前在国内首次发现该菌可导致蓝莓枝枯病，是否会侵染叶片和果实仍需证实。乌饭树拟茎点霉主要是通过雨水传播，由花芽侵入植株，在枝条有伤口的情况下，可与导致蓝莓枝干溃疡的葡萄座腔菌复合侵染。

4. 防治措施

（1）农业防治　冬季彻底清除病枝落叶，减少越冬菌源。在花芽开放之前要仔细检查园内植株，清除病枝，喷洒波尔多液预防。生长季及时清除田间病株残体，尤其是露地栽培，防止雨水传播病害蔓延。果实生长期要重视虫害（尤其是刺吸式口器的害虫）防治，喷施钙肥 2～3 次，合理灌溉，配方施肥。冬季注意防寒，减少冬春两季冻伤。

（2）药剂防治　喷施 25％吡唑醚菌酯乳油 1800 倍液或 24％腈苯唑

悬浮剂 1500 倍液，能有效控制病害。

（六）蓝莓根腐病

蓝莓根腐病主要为害植株根部，首先在须根上发生为害，而且是毛细根先发生坏死斑，随后往上逐渐蔓延开来，病株根部腐烂变成褐色，最后整个植株根系枯死。病株生长缓慢，初期症状一般是树势瘦弱，叶片由上往下慢慢变黄枯萎，最终使得整个植株枯萎，植株叶片掉光，直至死亡。

1. 为害症状

初期蓝莓树根颈部出现黄褐色水渍状，皮层逐渐变黑软腐，韧皮部和木质部分离，易脱落，木质部也可变褐腐烂。病株地上部分表现为嫩梢细弱、叶片小，叶色淡、长势弱。当土壤湿度大时，病斑迅速扩大蔓延，导致地下部分 5～30cm 的根系变黑腐烂。叶片迅速变黄，整株树体萎蔫，透气性好的地块 0～5cm 深的根系还未腐烂，树体还成活，透气性不好的地块整株树死亡。后期，根部皮层脱落，木质部变黑。

2. 病原

近年来，普遍认为蓝莓根腐病主要是由尖孢镰孢菌（*Fusarium oxysporum*）引起的，该致病菌属半知菌亚门丝孢纲瘤座菌目镰孢属真菌。相关研究表明，在贵州省主要蓝莓种植地区的黔东南地区麻江、黄平、丹寨等县蓝莓种植地区及黔南、黔西南地区部分蓝莓基地的蓝莓根腐病均是由尖孢镰孢菌（*Fusarium oxysporum*）侵染所致。

3. 病害循环和发生规律

该病是一种毁灭性病害，也是一种低温性疫霉病，由病株、土壤、水和农具带菌传播，当地温 20℃ 以下时，卵孢子发芽侵入根部。地温在 10℃ 左右、土壤水分多时发病重；地温在 25℃，即使水分多发病也轻；一般春、秋多雨年份，排水不良或大水漫灌地块发病重；在闷湿情况下极易发病，植株长势衰弱，发病重；土壤中病菌积累多，土壤瘠薄，缺乏有机肥及偏施氮肥，施用未腐熟的基肥，发病重；过度密植的发病严重。在树体旺长期或挂果后，特别是 3 月、9 月，如遇久雨突晴，或连日高温，有的病株出现整株萎蔫死亡。后期，根部皮层脱落，木质部变黑。

4. 防治措施

（1）农业防治　先在病树集中区周围挖深 66cm、宽 66cm 的封锁沟，把病健树隔离。用木霉菌和黄芪素＋黄芪多糖（奥力克）、0.5％小檗碱水剂（青枯立克）进行灌根，重病株尽早挖除并彻底清理残根并烧毁，对病穴土壤消毒处理。对已发生根腐病的地块，在拾尽腐根的基础上选用木霉菌、噁霉灵灌坑。

（2）药剂防治　关键要抓"早"，勤观察，重点是 3 月和 9 月中旬前，在发病初期结合金龟子、蚂蚁一起防治。选用 1.5 亿活性孢子/g 木霉素可湿性粉剂＋苏云金杆菌乳剂＋23 亿～28 亿活孢子/g 绿僵菌粉剂全园喷施。

二、蓝莓根癌病防治

蓝莓根癌病主要发生在未调酸地块和扦插育苗棚中。

1. 为害症状

根癌发病早期，表现为苗木根部出现小的表面粗糙的白色或肉色瘤状物隆起。始发期一般为春末或夏初，之后根癌颜色慢慢变深、增大，最后变为棕色至黑色。根癌病发生后影响植株根系，造成植株发育不良，发育受阻。

2. 病原

病原为根癌土壤杆菌（*Agrobacterium tumefaciens*），杆状，革兰阴性，不产生芽孢，依靠 1～6 个鞭毛运动，菌落一般为白色至奶白色，凸起，有光泽，全缘。

3. 发生规律

病菌通过土壤传播，通过枝条或根系的自然伤口或农事操作形成的机械伤口进入植株体内，诱导植株形成瘤体。

4. 防治措施

（1）农业防治　选择健壮苗木栽培，及时剔除染病幼苗，发病后要彻底挖除病株，并集中处理。挖除病株后的土壤用1‰波尔多液进行土壤消毒。加强肥水管理。耕作、施肥及除草等农事操作时，注意不要损伤根茎部，并及时防治地下害虫和咀嚼式口器昆虫及线虫。一般在土壤偏碱性的条件下，容易发生根癌病，因此对土壤进行调酸预防根癌病非常必要。

（2）药剂防治　用0.2‰硫酸铜等灌根，每10～15天1次，连续2～3次。用K84菌悬液浸苗或在定植、发病后浇施根部，均有一定的防治效果。

三、常见地下害虫与防治

地下害虫指多在土中活动，主要为害植物地下部和近地面根茎的所有害虫，主要包括蛴螬、蝼蛄、地老虎和金针虫等，其中以蛴螬对蓝莓为害最重。

（一）蛴螬

蛴螬是鞘翅目金龟甲总科幼虫的通称。蓝莓上的常见种类有丽金龟科的墨绿彩丽金龟、铜绿丽金龟、苹毛丽金龟、中华弧丽金龟、琉璃弧丽金龟和花金龟科的小青花金龟（下文简称"墨绿丽""铜绿丽""苹毛丽""中华丽""琉璃丽"和"小青花"）等比较常见。

1. 为害症状

蛴螬是多食性害虫，常咬食各种植物地下部的根或地下茎，蓝莓根部受害，咬去根部表皮，啃出沟槽甚至咬断，造成蓝莓整体枯死。成虫多以取食多种植物叶片和花器为主，蓝莓叶片和花器也常受害。墨绿丽、中华丽等的取食造成叶片出现缺刻和孔洞，苹毛丽、琉璃丽和小青花等种类的成虫主要取食花瓣或花托，从而影响坐果。

2. 形态特征

（1）幼虫（蛴螬）　体肥大，弯曲近 C 形，体长 3～4cm，多为白色至乳白色。体壁较柔软、多皱，体表疏生细毛。头大而圆，多为黄褐色或红褐色，生有左右对称的刚毛。胸足 3 对，一般后足较长。腹部 10 节，臀节上常生有刺毛，是种鉴定的重要特征。

（2）成虫　体近椭圆形，略扁，体壁及翅鞘高度角质化，坚硬，腹部末端露在鞘翅外。触角为鳃叶状，前足胫节端部外侧多具齿。种类很多，不同种类大小和体色差别很大。

3. 发生规律

大多种类（墨绿丽、铜绿丽、苹毛丽和小青花等）1 年发生 1 代，大黑鳃金龟一般 2 年完成 1 代，不同种类间，成虫发生期从 4 月下旬持续到 8 月中旬不等，其中墨绿成虫在 5 月下旬至 8 月上旬活动，6 月中旬发生最为集中，进入高峰期，苹毛丽成虫则多发于 5 月上中旬。幼虫蛴螬共 3 龄，1～2 龄期较短，3 龄期最长。蛴螬终生栖居土中，其活动主要与土壤的理化特性和温湿度等有关。大黑鳃金龟在 1 年中活动最适宜的土温平均为 13～18℃，高于 23℃时，逐渐向下转移，到秋季土温下降再向上层转移。成虫除少数丽金龟和花金龟，多数种类昼伏夜出。成虫多具趋光性、假死性。成虫喜在腐烂的有机物和牲畜粪便上产卵。

4. 防治措施

① 施用充分腐熟的有机肥，减少成虫产卵。

② 使用频振式杀虫黑光灯诱虫。常见的频振式杀虫灯间距 80m，同时注意对灯附近成虫监测和集中防治。

③ 人工捕捉成虫。成虫盛发期的每日上午对丽金龟和花金龟等日出性成虫直接捕捉或利用假死性震落法捕捉。

④ 药剂防治。

a. 颗粒剂撒施、穴施或沟施。可用 3％辛硫磷颗粒剂或 3％毒死蜱颗粒剂 10kg/亩。

b. 药液灌根法。可利用滴灌给药或逐棵浇灌，注意控制兑水量保证药液浓度，同时要保证蓝莓根系被药液浸润，使用 40％辛硫磷或 40％毒死蜱乳油兑水后浓度应达 1000～2000 倍，10％高效氯氰菊酯乳油质量浓度应达 1000 倍。辛硫磷、毒死蜱成分持效期较长，高效氯氰菊酯等菊酯类杀虫速度快、持效期短而成本低，可与前两者之一合理混用。

c. 防治成虫。成虫发生期可选用菊酯类农药（如 10％高效氯氰菊酯乳油 1000 倍液）喷雾防治。

（二）地老虎类

地老虎又名地蚕、截虫，是鳞翅目夜蛾科中以取食茎基部为主的一类害虫的统称。

1. 为害症状

主要以 3 龄以后幼虫咬断蓝莓近地面当年萌蘖茎的基部为主，导致幼树枝条数量减少，推迟盛果期。1～2 龄幼虫在蓝莓或杂草心叶、叶背啃食叶肉，留下上表皮，后期也可咬食成小孔洞和缺刻。

2. 形态特征

（1）小地老虎　成虫体长 16～23mm，翅展 42～54mm，深褐色，前翅具有显著的肾状斑、环形纹、棒状纹和 2 个黑色剑状纹。老熟幼虫体长 37～47mm，灰黑色，体表布满大小不一的原粒，臀板具 2 条深褐色纵带。

（2）黄地老虎　成虫体长 14～19mm，黄褐色或灰褐色，前翅横纹不明显，肾状斑、环形纹和棒形纹明显。幼虫体长 37～47mm，体表颗粒不明显，臀板为 2 块黄褐色斑。

3. 发生规律

小地老虎是一种迁飞性害虫，越冬北界约为秦岭淮河一线，1 年发生 2～7 代；黄地老虎在我国 1 月 10℃等温线以北不能越冬，1 年发生 2～5 代。成虫在杂草及作物幼苗叶背或根部土块上产卵，一般每只雌蛾产卵 1000 粒左右，多的可达 2000 粒。幼虫通常 6 龄，平均温度 17.5℃时，幼虫期 40 天，1～2 龄昼夜活动，3 龄后白天潜伏于表土下，夜出切断嫩茎基部，4～6 龄为暴食期，占幼虫总食量的 97％。成虫昼伏夜出，对糖醋液和黑光灯有较强趋性。

4.防治措施

（1）诱杀　用糖醋液（糖 6 份、醋 3 份、白酒 1 份、水 10 份、敌百虫 0.1 份）或频振杀虫灯诱杀成虫，诱杀同时可为 1 龄幼虫、2 龄幼虫防治提供依据。

（2）人工捕捉　对高龄幼虫可每天早晨扒开新受害植株周围表土捕捉幼虫。

（3）药剂防治　1～2 龄幼虫在叶片为害期（成虫高峰期后 10～15 天出现）喷施 1.8％阿维菌素乳油 2000～3000 倍液、70％吡虫啉水分散粒剂 5000 倍液或 10％高效氯氰菊酯乳油 2000～3000 倍液等。

四、常见吮吸式害虫与防治

（一）越橘硬蓟马

蓝莓上为害的蓟马主要为越橘硬蓟马（*Scirtothrips vaccinium* Wang & Huang），属缨翅目蓟马科昆虫，为辽东学院小浆果团队在国内首次发现并鉴定，分布于辽宁、山东和江苏等省。据报道美国蓝莓上为害的蓟马主要包括西花蓟马（*Frankliniella occidentalis* Pergande）、东方花蓟马（*F. tritici* Fitch）等 6 种。

1.为害症状

蓟马主要通过锉吸式口器为害蓝莓花芽、幼叶、新梢等幼嫩部位。东北地区辽宁省保护地的受害情况明显重于露地。保护地芽受害率一般在 12.2％～31.0％，发生最严重的温室，受害芽占总芽数 71％，蓝莓花芽和花序脱落率达 45%。花芽受害后，芽鳞片呈失水状褐变，稍稍触动，整个花芽鳞片全部脱落，剥开花芽可见蓟马若虫，进一步发展整个花序芽脱落；未脱落的受害花芽中的花序可继续伸长，花瓣上可见黄色长条斑，受害严重的花序会从基部断裂脱落，造成蓝莓无法坐果，导致严重减产。蓟马也可为害叶芽，但一般不造成幼叶脱落，受害叶呈锈褐色变脆，叶脉变色尤其明显，叶脉生长受抑制，叶片呈勺形，叶肉部凸起成泡状。蓟马为害嫩枝时形成褐色粗糙条状的木栓化愈伤组织。

2. 形态特征

雌虫体黄色，长 11~11.5mm；触角第 1 节和第 2 节基部黄色，第 2 节端部和其余各节灰褐色。头宽约为长的 2 倍，头背有众多的细横皱纹，单眼呈扁三角形排列于复眼中后部，单眼间鬃位于前后单眼中心连线近中点处。触角 8 节，第 2 节最粗，第 3 节基部有梗，第 2 节、第 3 节、第 4 节和第 5 节基部较细，第 6 节和第 7 节端部较细。第 3 节、第 4 节各具一个叉状感觉锥，分别位于第 3 节背侧和第 4 节腹侧。前胸背板宽为长的 1.5 倍，密被细横纹。前胸背片鬃共约 11 对，前缘鬃 2 对，前角鬃 1 对，背片鬃 4 对，后缘鬃 3 对，后角鬃 1 对。中胸盾片密被横皱纹，后胸背板中央从前缘至后缘有明显网纹。前翅长无明显翅脉，翅形窄长，末端渐尖。前翅前缘鬃 23 根，前脉基鬃 3+4，端鬃 3根（其中 1 根在中部），后脉鬃 3 根。前翅翅瓣前缘鬃 4 根。中胸和后胸内在中叉骨均有刺突。腹部末端呈锥形，雌虫有锯齿状产卵器；产卵管向下弯曲（侧面观）。

3. 发生规律

因种植形式不同，越橘硬蓟马田间开始出现时间不同。北方温室 2 月初、塑料大棚 3 月中旬始见若虫，成虫历期长达 17~27 天，导致明显的世代重叠现象，在温室蓝莓上一年可发生 10 余代。品种间比较，蓝丰、伯克利受害较重，北陆、蓝金受害较轻。大雨对蓟马有明显的冲刷作用，进入 7 月雨季后，越橘硬蓟马发生数量明显减少，撤去棚膜的温室中种群数量也明显下降。幼嫩部位受害重，冬芽萌发后和夏剪后，花序、新梢受害明显。另外，地面残枝落叶多的温室和塑料大棚受害重。

4.防治措施

（1）清洁田园 修剪后及时清除残枝落叶，并带出田外，可明显降低虫口数量。

（2）药剂防治 在保护地，夏剪后新梢旺生长期喷施10％吡虫啉可湿性粉剂1000倍液、1.8％阿维菌素乳油1000倍液等；冬季花芽开绽前，清除残枝落叶后，用10％异丙威烟剂400g/亩处理；花芽开裂至花序伸长期，可喷施阿维菌素；如花序伸长至开花期用药，应选择对授粉昆虫安全的6％乙基多杀菌素悬浮剂1200～1500倍液喷施，喷药当天不放蜂，药液干后再放蜂。露地一般不需防治，如确实发现蓟马数量较多，可参考温室的药剂防治方法。

（二）蚜虫类

蓝莓田蚜虫主要种类为绣线菊蚜（*Aphis citricol*a Van der Goot）和桃蚜（*Myzus persicae* Sulzer），均属同翅目蚜科。桃蚜又名烟蚜，为多食性害虫，寄主包括蔷薇科果树和十字花科蔬菜等300多种寄主植物；绣线菊蚜又名苹果黄蚜，以吸食蔷薇科植物汁液为生。

1.为害症状

两种蚜虫均以成、若虫群集吸食蓝莓新梢和叶片，桃蚜为害的叶片常向背面不规则卷曲皱缩，绣线菊蚜为害叶片的叶尖常向叶背横卷。除吸汁为害外，蚜虫还排泄蜜露诱发煤污病，被污染的叶片光合效率降低，受污染的果实也难以出售，商品性降低。蚜虫也是很多病毒病的重要传播介体，如引起病毒病造成的损失就更大。

2.形态特征

成虫分有翅蚜和无翅蚜。体长一般1～2mm，体多黄、黄绿至绿色，桃蚜有时淡粉红或红褐色，两种蚜虫在腹部第6节背面两侧均有1对明显的腹管，无翅桃蚜腹管端部黑色；绣线菊蚜整个腹管均为黑色。

3. 发生规律

因南北不同年发生 10～30 代，世代重叠明显。冬季以卵在树木枝条、芽腋间、裂缝等处越冬，以后各代越冬前均进行孤雌生殖，最后代产生有性蚜，交配产卵越冬。5 月初开始随着蓝莓萌芽，蚜虫数量逐渐增加，七八月如遇暴风雨，发生数量会明显下降。日平均温度 20℃左右，相对空气湿度 60%～70%，蚜虫易盛发。蓝莓如局部枝条郁闭通风不良，则蚜虫发生重。桃蚜发育最快温度为 24℃，高于 28℃ 或低于 6℃，相对湿度低于 40% 或高于 80%，对繁殖不利。蚜虫均有趋黄习性，对银灰色有负趋性。其天敌种类很多，包括捕食性天敌如瓢虫、食蚜蝇、草蛉、蜘蛛，寄生性天敌如蚜茧蜂，以及病原微生物如蚜霉菌。

4. 防治措施

① 黄板诱蚜。田间设置黄色粘虫板，高出植株 30～50cm，隔 3～5m 放置 1 块，可大量诱杀有翅蚜。

② 合理修剪避免蓝莓树丛过于郁闭。

③ 药剂防治。可选用 20% 啶虫脒可溶粉剂 2000 倍液、21% 噻虫嗪悬浮剂 5000 倍液、10% 吡虫啉 1000 倍液、25% 吡蚜酮悬浮剂 1000 倍液、0.5% 苦参碱水剂 800 倍液或 10% 氟啶虫酰胺水分散粒剂 1000 倍液、50% 螺虫乙酯水分散粒剂 2000～3000 倍液等药剂喷雾。为保护瓢虫、蜜蜂等，建议优先选择氟啶虫酰胺、螺虫乙酯、吡蚜酮等对天敌和传粉昆虫安全的选择性杀虫剂。

（三）大青叶蝉

大青叶蝉（*Tettigella viridis* L.）属同翅目叶蝉科，全国各地均有发生。寄主包括杨、柳、苹果、桃、玉米、水稻、大豆、马铃薯等 160 多种植物。

1. 为害症状

大青叶蝉成虫在蓝莓枝条组织内产卵，每处产卵 6～12 粒，排列整齐，表皮割成月牙形裂，严重的可造成当年生枝条枯萎。成虫、若虫也可吸食蓝莓汁液，为害较轻。

2. 形态特征

成虫体长 8～10mm，头宽。青绿色，有光泽，头部正面淡褐色，两颊微青，在颊区近唇基缝处左右各有 1 小黑斑；触角窝上方、两单眼之间有 1 对黑斑。后翅烟黑色及腹部背面烟黑色。卵为白色微黄，长卵圆形，长 1.6mm，宽 0.4mm，中间微弯曲，一端稍细，表面光滑。

3. 发生规律

全国从北到南一年发生 2～5 代，其卵在林木嫩梢和干部皮层内越冬。第一代若虫孵出 3 天后大多由原来的产卵寄主植物，移到矮小的寄主，如杂草上为害。善跳，飞翔能力较弱，成虫趋光性很强。夏季卵多产于芦苇、野燕麦、早熟禾、小麦、玉米、高粱等禾本科植物的茎秆和叶鞘上；越冬卵产于蓝莓等林木、果树的幼嫩光滑的枝条和主干上，以直径 1.5～5cm 的枝条着卵密度最大。在一年生苗木及幼树上，卵块多集中于近地面主干至 100cm 高的主干上，越靠近地面卵块密度越大，在三、四年生幼树上，卵块多集中于 1.2～3.0m 高处的主干与侧枝上，以低层侧枝上卵块密度最大。

4. 防治措施

① 清除园地及附近杂草。

② 在成虫期用黑光灯诱杀，可以大量消灭成虫。

③ 10 月中旬左右，当成虫转移至蓝莓树上产卵时，喷施 10％高效氯氰菊酯乳油 2000 倍液、48％毒死蜱乳油 1500 倍液、50％啶虫脒水分散粒剂 5000 倍液等药剂，田间杂草也要同时喷布周到。

（四）介壳虫类

介壳虫是同翅目蚧总科昆虫的通称，蓝莓介壳虫在不同地区具体发生种类有所不同，在辽宁省丹东市发现两科［盾蚧科（Diaspididae）和蚧科（Coccidae）］共 3 种，主要在保护地为害。

1. 为害症状

若虫和雌成虫刺吸枝、叶的汁液，排泄的蜜露常诱致煤污病发生，同时削弱树势，推迟果实成熟，降低产量，重者枝条枯死。

2. 形态特征

（1）蚧科

① 日本龟蜡蚧。雌成虫体背有较厚的白蜡壳，呈椭圆形，长 4～5mm，背面隆起似半球形，中央隆起较高，表面具龟甲状凹纹，边缘蜡层厚且弯卷，由 8 块组成。活虫体淡褐至紫红色。雄成虫体长 1～1.4mm，淡红至紫红色，眼黑色，触角丝状，翅 1 对白色透明，具 2 条粗脉。卵：椭圆形，长 0.2～0.3mm，初淡橙黄后紫红色。若虫：初孵体长 0.4mm，椭圆形扁平，淡红褐色，触角和足发达，灰白色，腹末有 1 对长毛，固定 1 天后开始分泌蜡丝，7～10 天形成蜡壳，周边有 12～15 个蜡角。后期蜡壳加厚，雌雄形态分化，雄蜡壳长椭圆形，周围有 13 个蜡角似星芒状。

② 棉蜡蚧。发现于丹东，介壳长椭圆形，淡褐色，背部生有长长的蜡丝。

（2）盾蚧科　两种盾蚧科昆虫，一种外形接近梨圆蚧（*Quadraspidiotus perniciosus* Comstock），但尚未做进一步鉴定，雌虫介壳近圆形隆起，斗笠状，直径约 1.7mm，灰白色或暗灰色，具同心轮纹。另一种外形近似桑白蚧（*Pseudaulacspis pentagona* Targioni Tozzetti），介壳圆形，直径 2～2.5mm，略隆起，有螺旋纹，灰白至灰褐色，壳点黄褐色，在介壳中央偏旁。

3. 发生规律

种类不同，发生差别很大，日本龟蜡蚧一般 1 年 1 代，两种盾蚧 1 年 2 代或以上，一般均在一、二年生枝条上越冬，一般以受精雌成虫或 2 龄若虫越冬。两性生殖或孤雌生殖。

4. 防治措施

① 选择无介壳虫种苗栽植建园苗木、接穗、砧木。

②保护引进释放天敌。天敌有瓢虫、草蛉、寄生蜂等。

③修剪时剪除虫枝或用粗布干草等刷除虫体。

④刚落叶后或发芽前喷含油量10%柴油乳剂，如混用化学药剂效果更好。

⑤初孵若虫分散转移期喷洒40%噻嗪·毒死蜱悬浮剂1500～2000倍液或50%螺虫乙酯水分散粒剂3000～4000倍液或22%氟啶虫胺腈悬浮剂5000倍液等。其中螺虫乙酯为保证药效应在树叶茂盛时使用，也可用99%矿物油乳油100～200倍液喷雾防治，冬季休眠期用45%松脂酸钠80～100倍液。

（五）叶螨

叶螨是蛛形纲蜱螨目叶螨科害虫的统称，俗称红（或"白"）蜘蛛，辽宁丹东地区蓝莓上已发现叶螨为害，但未做具体种类鉴定，国内截至发稿也没有专门报道。据国外资料，在美国芽螨是蓝莓上的重要害虫，芽螨属于瘿螨的一种，在国内尚未发现。

1. 为害症状

一般集中在叶背吸汁为害，造成叶色褪绿暗淡，严重焦枯脱落，并吐丝结网，网可覆盖全叶，甚至相邻叶片间都能拉丝结网，发生严重的可看到枝梢顶部包裹一层薄薄的网幕。

2. 形态特征

分卵、幼螨、若螨和成螨4种虫态，雌螨背面呈卵圆形，长约0.5mm，体色多红色，二斑叶螨通常为绿色或黄绿色，雄螨背面略呈菱形，比雌螨小；卵均为球形，初产色淡，孵化前渐变为红色；若螨体半球形，足3对；幼螨足4对，椭圆形，与成螨区别在于性器官尚未发育成熟。

3. 发生规律

叶螨因种类不同越冬场所有所不同，一般以受精雌成螨在树缝、枯枝落叶下或以滞育卵在二年生小枝上越冬。叶螨喜欢温暖干燥的气候条件，一般在蓝莓经采收、修剪后，新梢旺长，气候温暖时，叶螨进入盛发期。

4. 防治措施

① 修剪后及时清除残枝落叶。

② 生物防治。释放智利小植绥螨或胡瓜钝绥螨等捕食螨，释放期间不可喷施杀螨剂。

③ 药剂防治。发现为害发生初期及时喷施杀螨剂。如 20％乙螨唑 6000～8000 倍液、20％螺螨酯悬浮剂 4000 倍液、5％噻螨酮乳油 1000 倍液，以上药剂对卵和若螨、幼螨效果好；1.8％阿维菌素乳油 1000～2000 倍液对若螨、幼螨和成螨效果好；43％联苯肼酯悬浮剂 2000～3000 倍液、20％丁氟螨酯 1500～2000 倍液和 15％哒螨灵乳油 1000～2000 倍液对各虫态均有效。为控制抗性的产生，使用中注意不同作用方式药剂合理混用或轮换使用。

五、常见食叶害虫与防治

食叶害虫泛指具咀嚼式口器取食叶片的害虫。受害叶片形成缺刻或孔洞，严重时害虫将叶片吃光。它们大多裸露生活，仅少数卷叶、缀叶营巢。该类害虫繁殖力强，往往有主动迁移、迅速扩大危害的能力，因而常形成间歇性暴发危害。由于大多裸露生活，故易于防治。主要包括鞘翅目金龟甲和叶甲，鳞翅目刺蛾、毒蛾、枯叶蛾（主要为天幕毛虫）和蓑蛾等。其中金龟甲类是蛴螬的成虫，具体情况可参见地下害虫蛴螬部分。

（一）刺蛾

刺蛾是鳞翅目刺蛾科昆虫的统称，幼虫俗称"痒辣子"。蓝莓上以双齿绿刺蛾（*Latoia hilarata* Staudinger）最为常见，偶尔也有黄刺蛾（*Cnidocampa flavescens* Walker）和梨刺蛾（*Narosoideus flavidorsalis* Staudinger）等。双齿绿刺蛾和黄刺蛾从吉林到云南都有分布，黄刺蛾在更北的黑龙江也有分布。

1. 为害症状

低龄幼虫啃食叶肉呈网状，大龄幼虫蚕食成缺刻，残留主脉和叶柄，严重时全树叶片被食光，影响树势。此外，幼虫体上因生有枝刺和毒毛，触及皮肤，轻者红肿疼痒，重者淋巴发炎甚至皮肤溃疡，"痒辣子"由此得名。幼虫期恰逢蓝莓采收期，如采收工人未进行防护，常被蜇伤。

2. 形态特征

（1）双齿绿刺蛾　成虫体长 7～12mm，翅展 21～28mm，头部、触角、下唇须褐色，头顶和胸背绿色，腹背苍黄色。前翅绿色，基斑和外缘带暗灰褐色，其边缘色淡，基斑在中室下缘呈角状外突，略呈五角形；外缘带较宽与外缘平行内弯，其内缘在第二肘脉处向内突呈一大齿，在第二中脉上有一较小的齿突；卵长 0.9～1.0mm，椭圆形扁平；幼虫体长 17mm 左右，蛞蝓形，头小，大部分缩在前胸内，头顶有两个黑点，胸足退化，腹足小。体黄绿至粉绿色，背中线细天蓝色，中线两侧为蓝绿色连点纹，每节每侧 2 纹；各体节有 4 个枝刺丛，以后胸和第 1、7 腹节背面的较大且端部呈黑色；茧扁椭圆形，长 11～13mm，钙质较硬灰褐色至暗褐色，多同寄主树皮色，茧内化蛹。

（2）黄刺蛾　成虫体长 13～16mm，体橙黄色。前翅内半部黄色，外半部褐色，有两条暗褐色斜线，在翅尖上汇合于 1 点，呈倒 V 形；后翅淡黄褐色。卵扁椭圆形，一端略尖，长 1.4～1.5mm，淡黄色。老熟幼虫体长 16～25mm，略呈长方形，黄绿色，背面有紫褐色哑铃形斑块。枝刺以胸部 6 个及腹部末端 2 个较大；茧石灰质，椭圆形，坚硬具黑褐色纵条纹，形似雀蛋。

3. 发生规律

双齿绿刺蛾一年发生 1～2 代，以幼虫在枝干上结茧入冬。个体间发育极不整齐，幼虫期在 6 月上旬至 8 月上旬，第二代幼虫发生于 8 月中旬至 10 月下旬。成虫昼伏夜出，有趋光性，对糖醋液无明显趋性，成虫寿命 10 天左右。卵多产于叶背中部、主脉附近，块生，形状不规则，多为长圆形，每块有卵数十粒，单雌卵量百余粒，卵期 7～10 天。低龄幼虫有群集性，3 龄后多分散活动，小幼虫啃食叶背，稍大后取食全叶，常局部成灾。老熟幼虫爬到枝干上结茧越冬，以树干基部和粗大枝杈处较多，常数头至数十头群集在一起。

4. 防治措施

（1）人工防治　人工摘除带有卵块和低龄幼虫群集的虫叶，集中杀死；修剪时人工刮除枝干上虫茧烧毁。

（2）频振杀虫灯诱杀　成虫发生期最好在羽化始盛期进行，杀虫灯间距 80～100m，高度宜高于植株。

（3）生物防治　保护和利用刺蛾广肩小蜂、姬蜂、绒茧蜂、螳螂、猎蝽等进行控制。

（4）药剂防治　在虫口比较大的果园片区，喷施 60g/L 乙基多杀菌素悬浮剂 1000～2000 倍液、25％灭幼脲悬浮剂 1500～2500 倍液、1.8％阿维菌素乳油 1000 倍液、5％甲氨基阿维菌素苯甲酸盐乳油 5000 倍液、15％茚虫威悬浮剂 1000～2000 倍液等，喷药时注意不同农药的安全间隔期，控制农药残留。

（二）毒蛾

毒蛾是鳞翅目毒蛾科昆虫的通称。蓝莓上毒蛾种类很多，东北发生的有灰斑古毒蛾（*Orgyia ericae* Germar）和舞毒蛾（*Lymantria dispar* L.）。

1. 为害症状

幼虫主要为害叶片和花蕾，重者把树叶和花吃光。

2. 形态特征

（1）灰斑古毒蛾　成虫雌雄异型。雄虫体长 10～13mm，触角羽毛状。前翅锈褐色有 2 条横线，内横线褐色，直、较宽，中部向外微弯；外横线褐色锯齿形，向翅顶弯曲，然后斜向后缘，近臀角有 1 白点，白点内则较暗。后翅暗褐色缘毛浅黄色。雌虫体长 10～15mm，翅退化，短胖，纺锤形，体上密被白色短毛，足短，爪简单。卵扁圆形，长约0.8mm，黄白色。老熟幼虫体长约30mm，红黄色，头黑色。前胸背板两侧各有1黑色长毛束，由羽状毛组成。第1～4腹节背面中央各有1浅黄色毛刷，第8腹节背面有1个由羽状毛组成的黑色长毛束。蛹纺锤形，雌体长13.9mm，雄体长10mm，黄褐色。茧卵形黄白色，丝质杂，有幼虫体毛。

（2）舞毒蛾　成虫雌雄异型。雄虫：体长约20mm，前翅茶褐色，有四五条波状横带，外缘呈深色带状，中室中央有一黑点。雌虫：体长约25mm，前翅灰白色，每两条脉纹间有一个黑褐色斑点。腹末有黄褐色毛丛。卵：圆形稍扁，直径1.3mm，初产为杏黄色，数百粒至上千粒产在一起成卵块，其上覆盖有很厚的黄褐色绒毛。幼虫：老熟时体长50～70mm，头黄褐色，有"八"字形黑色纹。前胸至腹部第2节的毛瘤为蓝色，腹部第3～9节的7对毛瘤为红色。蛹：体长19～34mm，雌蛹大，雄蛹小。体色红褐或黑褐色，被有锈黄色毛丛。

3. 发生规律

（1）灰斑古毒蛾　一般一年发生2代，以卵在茧上越冬。温室中，在蓝莓开花前幼虫即开始为害。露地越冬卵于翌春4～5月孵化幼虫。孵化期气温15～20℃时需11～13天。5～6月化蛹，7月下旬第二代幼虫孵化。老熟幼虫在枝干上结茧化蛹，一代蛹期5月中、下旬至6月，第二代8月下旬预蛹。9月上、中旬成虫羽化。成虫有趋光性。幼虫1～2龄取食叶肉，3龄后取食全叶。幼虫喜迁徙取食，初孵幼虫孵化后寻找适宜的叶片边缘或叶面静止不动，如遇降水立即爬到叶背。1～2龄幼虫部分可吐丝悬在空中随风飘荡，寻找适宜枝叶，3龄以后很少有吐丝下垂，傍晚幼虫取食相对比白天活跃。

（2）舞毒蛾　一年发生1代，以卵在石块缝隙或树干背面低洼开裂处越冬，每块数百粒，上覆雌蛾腹末的黄褐鳞毛。5月寄主发芽时开始孵化，初孵幼虫白天多群栖叶背面，夜间取食叶片成孔洞，受震动后吐丝下垂借风力传播，故又称秋千毛虫。2龄后分散取食，白天栖息树杈、树皮缝或树下石块，傍晚上树取食，天亮时又爬到隐蔽场所。雄虫蜕皮5次，雌虫蜕皮6次，均夜间群集树上。幼虫期约60天，5～6月为害最重，6月中下旬陆续老熟，爬到隐蔽处结茧化蛹。蛹期10～15

天，成虫 7 月大量羽化。成虫有趋光性，雄虫活泼，白天飞舞于树冠间，舞毒蛾由此得名；雌虫很少飞舞。

4. 防治措施

① 人工防治。人工摘除枝条上灰斑古毒蛾的茧和舞毒蛾的卵块。

② 药剂防治。两种毒蛾在蓝莓萌芽至展叶即进入幼虫发生期应及早发现及早防治。药剂参考刺蛾，提倡使用灭幼脲等特异性杀虫剂以保护天敌。

③ 用频振杀虫灯诱杀。

（三）天幕毛虫

天幕毛虫又名黄褐天幕毛虫、顶针虫，属枯叶蛾科，我国东北、华北、西北等地均有分布。为害杨、梅、桃、李、柳、榆、栎、苹、梨、樱桃等多种阔叶树木。蓝莓上也较常见。

1. 为害症状

幼虫在小枝分杈处吐丝结网，白天潜伏网中，夜间出来取食，严重时能将树叶全部吃光。

2. 形态特征

雌虫体长约 20mm，棕黄色，触角锯齿状。前翅中央有深褐色宽带，宽带两边各有一条黄褐色横线。雄虫体长 15～17mm，淡黄色，触角羽毛状，前翅具两条褐色细横线，横线间区域色淡。卵圆柱形，灰白色，高约 1.3mm。每 200～300 粒紧密黏结在一起环绕在小枝上，如顶针状，也称卵鞘。低龄幼虫身体和头部均黑色，4 龄以后头部呈蓝黑色。末龄幼虫体长 50～60mm，背线黄白色，两侧有橙黄色和黑色相间的条纹，各节背面有黑色瘤数个，其上生许多黄白色长毛，腹面暗褐色。腹足趾钩双序缺环。蛹初为黄褐色，后变黑褐色，体长 17～20mm，蛹体有淡褐色短毛。化蛹于黄白色丝质茧中。

3. 发生规律

一年发生1代。已完成胚胎发育的幼虫在卵壳内越冬。第二年蓝莓萌芽展叶时，幼虫孵出开始取食嫩叶，以后转移到枝杈处吐丝张网，1～4龄幼虫白天群集在网幕中，晚间出来取食叶片，5龄幼虫离开网幕分散到全树再次张网取食叶片。在叶背或果树附近的杂草上、树皮缝隙、墙角、屋檐下吐丝结茧化蛹。蛹期12天左右。成虫发生盛期在6月中旬，夜间活动，有趋光性，羽化后即可交尾产卵，卵产于当年生小枝上，幼虫胚胎发育完成后不出卵壳即越冬。

4. 防治措施

以春季修剪时剪除一年生小枝上的卵鞘为主要防治措施。蓝莓萌芽展叶期幼虫即开始活动，应做到早期监测、早期防治，防治药剂参考刺蛾。

（四）美国白蛾

美国白蛾属鳞翅目灯蛾科，是我国对外检疫害虫，也称秋幕毛虫、网幕毛虫。原发生于北美洲，1979年在我国辽宁丹东地区首次发现，造成严重危害，后又传播到上海，天津，河北的秦皇岛、北戴河，山东的烟台、威海、陕西等地。幼虫食性杂，繁殖量大，适应性强，传播途径广，为害多种林木和果树，寄主植物多达300种。幼虫将树叶吃光后蚕食附近的农作物、蔬菜及野生植物。蓝莓园也常有为害现象发生。

1. 为害症状

以幼虫为害为主，被害树上有幼虫吐丝结的网幕，多分布于枝杈间，网幕内叶片被食成残缺不全状，甚至被全部食光。

2. 形态特征

（1）成虫　体长9～12mm，大都为白色，头、胸白色，腹部背面白色或黄色，上有黑点。雄成虫前翅有较多黑褐色斑点，雌成虫前翅纯白色，后翅常为纯白色或在近边缘处有小黑点。

（2）幼虫　分黑头型和红头型。我国目前发现的多为黑头型，幼虫6～7龄，黑头型头黑色，背部有一条灰褐色纵带，纵带两侧各有一排黑色毛瘤，毛瘤上着生从状白色长毛；体两侧淡黄色，毛瘤橘黄色或褐色；腹面灰黄或淡灰色。红头型头柿红色。

（3）卵　圆球形，有密毛粘连，卵绿色，孵化前变褐色。

（4）蛹　体长8～15mm，平均12mm，暗红褐色。头部及前、中胸背面密布不规则细皱纹，后胸背及各腹节上密布刻点，第5～7腹节的前缘和第4～6腹节的后缘均具环隆线。臀棘8～17根，端部膨大且中心凹陷而呈喇叭形。

3. 发生规律

在辽宁、河北一年2代，山东一年3代，以蛹结茧在老树皮下、地面下枯枝落叶和表土内越冬，第二年5月上旬开始羽化，5月中旬至7月是第一代幼虫为害期，第二代为害期在8月上旬至9月下旬。成虫有趋光性，夜间活动，产卵于叶背面，卵粒排列成块，每块300～500粒，卵期约7天。幼虫孵出不久即吐丝结网，群聚于网内取食，将叶面食成筛网状。幼虫发生多时，受害树叶被全部食光，留有网幕挂于树上。幼虫耐饥力随龄期的延长而增长。

4. 防治措施

（1）物理防治　利用黑光灯诱杀成虫。发现幼虫结网为害时，剪除网幕集中烧毁，杀灭幼虫；利用美国白蛾老熟幼虫下树化蛹的习性，在树干上绑草把诱集下树化蛹的幼虫，集中并销毁。冬剪时剪除天幕毛虫卵环。

（2）药剂防治　在低龄幼虫为害期，喷施灭幼脲、甲氨基阿维菌素苯甲酸盐、苦参碱、溴氰菊酯、杀螟松等均能达到良好的防治效果，其中灭幼脲有利于保护天敌，推荐使用。

（3）生物防治　在美国白蛾老熟幼虫期和化蛹初期释放周氏啮小蜂；在美国白蛾幼虫3龄前喷洒苏云金杆菌防治，也可使用苦参碱进行喷烟或喷雾防治。

（五）双斑长跗萤叶甲

双斑长跗萤叶甲属鞘翅目，叶甲科，是蓝莓田非常常见的叶甲。其分布范围广，从黑龙江至台湾、广东、广西、云南，朝鲜北境至宁夏、甘肃、新疆都有分布。大豆、棉花、向日葵、粟（谷子）、高粱、花生、玉米、马铃薯、十字花科蔬菜、草莓、树莓和蓝莓等都可受到双斑长跗萤叶甲的危害。

1. 为害症状

主要以成虫啃食蓝莓叶片上表皮和叶肉为主，形成枯斑，易与叶斑病混淆，危害严重时仅残留网状叶脉、表皮。

2. 形态特征

（1）成虫　体长 3.6～4.8mm，宽 2～3mm，长卵形，棕黄色，具光泽；其触角 11 节丝状，为体长的 2/3；复眼大，卵圆形，前胸背板宽大于长，橙红色，鞘翅上有线状细刻点，每鞘翅基半部具 1 近圆形淡色斑，四周黑色，腹管外露，后足胫节端部具 1 长刺。卵椭圆形，长 0.6mm，初棕黄色，表面具网状纹。

（2）幼虫　体长 5～6mm，白色至黄白色，体表具瘤和刚毛，前胸背板颜色较深。

（3）蛹　长 2.8～3.5mm，宽 2mm，白色至黄褐色，表面具刚毛。

3. 发生规律

一年 1 代，以卵在表土中越冬。5 月上中旬开始孵化，幼虫期 30～40 天，在 3～8cm 土中活动，取食根部及杂草，蛹期 7～10 天。7 月中始见成虫，8 月进入为害盛期，成虫寿命较长为 50～60 天，为害期长达 90 天以上。成虫有群集趋嫩性和弱趋光性，不喜光照，成虫能飞善跳，早晚气温低于 8℃、风雨天及烈日喜藏在植物根部或枯叶下，上午 9 时至下午 5 时气温高于 15℃ 时成虫活跃。卵产在田间表土下或树叶上，散产或数粒粘在一起。干旱年及春季湿润、秋季干旱年发生严重，重新建的蓝莓园如前茬为玉米、大豆等作物，当年发生严重。

4. 防治措施

(1) 农业防治　及时铲除田间杂草。

(2) 药剂防治　成虫期可选菊酯类（如 10% 高效氯氰菊酯乳油 2000 倍液等）和烟碱类（10% 吡虫啉 1000 倍液、21% 噻虫嗪悬浮剂 2000 倍液等）和 50% 敌畏·马乳油 1000 倍液等。对渠边、田边生长的藜、苍耳等害虫喜食的杂草也要进行喷药，减少虫源。间隔 5~7 天再喷一次，采收期不可用药。

六、常见蛀果害虫与防治

蓝莓蛀果蛀花害虫种类很多，据观察分属于鳞翅目夜蛾科、卷蛾科、螟蛾科和双翅目果蝇科等，有些种类花期就开始为害，鉴定到具体种类的有棉铃虫 [*Helicoverpa armigera* （Hübner）] 和斑翅果蝇 (*Drosophila suzukii* Matsumura)，其中局部地块以夜蛾科棉铃虫危害较重。

（一）棉铃虫

鳞翅目夜蛾科昆虫，广泛分布于南北纬 50° 之间的亚洲、非洲、欧洲和大洋洲各地。我国全国范围内都有发生。棉铃虫是多食性害虫，寄主植物有 30 多科 200 余种，如棉花、玉米、豌豆、苜蓿、油菜、花生、番茄、辣椒、向日葵和苹果等。

1. 为害症状

蛀食花蕾、果实，造成落花、落果及虫果腐烂，在果实上形成蛀孔，一头幼虫可为害多个果实。

2. 形态特征

(1) 成虫　体长 15~20mm，翅展 27~28mm。雌蛾前翅赤褐色，雄蛾前翅灰绿色。前翅有黑色的肾形纹和环形纹，后翅灰白色，沿外缘有暗褐色宽带，在宽带中央有两个相连的白斑。

（2）卵　半球形，上有多条纵棱，纵棱分岔。初产乳白色，后渐变为米黄色。

（3）老熟幼虫　体长 40～50mm，初孵幼虫青灰色，以后体色多变，分淡红、黄白、淡绿、深绿 4 个类型。头部黄色，有褐色网状斑纹。虫体各体节有毛片 12 个，前胸气门前的两根侧毛的连线通过气门，或至少与气门下缘相切（区别于烟夜蛾）。

（4）蛹　长 13～23.8mm，宽 4.2～6.5mm，纺锤形，赤褐至黑褐色，腹末有一对臀棘，臀棘钩刺的基部分开。

3. 发生规律

代数因地区而异，常 2～7 代，以蛹的形式在土中越冬。棉铃虫在露地蓝莓的花期即开始为害，可一直持续到果实采收，甚至随果实到包装盒内，运输保存过程中继续为害。棉铃虫有转果为害习性，一头幼虫可为害十余个花果。成虫昼伏夜出，晚上活动、觅食和交尾、产卵。成虫产卵多在黄昏和夜间进行，喜欢产卵于嫩尖、嫩叶等幼嫩部分，散产。成虫飞翔力强，对黑光灯，尤其是波长 333nm 的短光波趋性较强，对萎蔫的杨、柳、刺槐等枝把散发的气味有趋性。

4. 防治措施

（1）诱杀法　黑光灯、杨枝把和性诱芯诱杀。

（2）生物防治　成虫产卵期，释放赤眼蜂；卵孵化盛期至幼虫 3 龄前，每亩喷施 20 亿 PIB/g 棉铃虫核型多角体病毒悬浮剂 50～60mL，注意喷雾均匀，视害虫发生情况，每 7 天施药 1 次，可连续用药多次，为保证药效，喷药最好在阴天和傍晚进行，避免阳光直射。

（3）药剂防治　开花前、落花后、幼果期：推荐防治指标为每 10 棵树受害花序＞1 个，每 5～10 棵树受害果穗数＞1 穗。药剂喷雾，花期要使用对蜜蜂安全的药剂。可选用 5% 甲氨基阿维菌素苯甲酸盐乳油 5000～10000 倍液、15% 茚虫威悬浮剂 1000～2000 倍液等药剂喷雾防治。

（二）斑翅果蝇

斑翅果蝇（*Drosophila suzukii* Matsumura）又称铃木庄果蝇，国内分布于辽宁、河南、湖北、浙江、云南、广西、贵州等省（自治区），在国外是美国蓝莓防治的重要害虫，同时在俄罗斯、日本、朝鲜、印度、意大利、澳大利亚等国家均有发生。斑翅果蝇的寄主包括樱桃、桃、葡萄、草莓、树莓、蓝莓、柿、番茄等 18 科 60 多种植物。

1. 为害症状

以幼虫在果实内部取食果浆进行为害。被害果的取食点周围迅速开始腐烂，并引发真菌、细菌或其他病害的二次侵染，加速果实的腐烂。除取食落地果或受损伤的水果外，雌虫的产卵器为坚硬的锯齿状，可将卵直接产于成熟或即将成熟的果皮较软的果实内，幼虫在果实内取食。

2. 形态特征

（1）成虫　体长 2~3mm，体宽 5~6.5mm（大小与黑腹果蝇极为相似），复眼红色，体黄褐色，腹部粗短，带有黑色环纹，翅透明。雄成虫双翅的外端各具有一个明显的黑斑，前足第一跗节和第二跗节分别有一簇性梳，雌成虫双翅无黑色斑纹，前跗节也无栉，产卵器呈锯齿状，可刺入薄皮的成熟果实内产卵。

（2）幼虫　圆柱形，乳白色，体长不超过 3.5mm，头尖，头的前部有锥形气门。幼虫 3 龄。

（3）蛹　红褐色，长 2~3mm，末端具有两个尾突。化蛹场所常在果外，也可在果内。

3. 发生规律

斑翅果蝇一年能繁殖 13 代左右，最快 12 天完成一代生活史。不同季节不同代数之间成虫寿命变化很大，寿命长短受温度影响，成活 3 周至 10 个月，有的能活 300 余天。主要以成虫的形式越冬，有时也以幼虫和蛹的形式越冬。春天气温达 10℃时成虫开始活动，每次产卵 1～3个，每个成虫能产 300 多个卵。卵在常温下 12～72h 能完全孵化成幼虫，幼虫在果实内取食 3～13 天，生长发育成熟化蛹，蛹经过 3～15 天羽化为成虫。

4. 防治措施

（1）加强维护果园卫生　及时清理果园及周边的病虫果、落地果和过熟腐烂果，以减少斑翅果蝇的繁殖场所。将清理收集的垃圾果密封在透明或者黑色的厚实塑料袋中放置在太阳下曝晒 7～10 天，可以杀死所有的斑翅果蝇虫卵和幼虫，以减少害虫数量。

（2）引诱剂防治　大多数以醋、酒、香蕉等水果的果泥和苹果汁为主要材料，酵母、糖和水的混合物对斑翅果蝇的诱捕能力较强，另外，添加苹果醋可以增加诱捕剂的持久性，还可以使用乙醇、乙酸和苯基乙醇，按照 1∶22∶5 的比例制作诱捕剂，诱捕器内可以放置一小块粘虫黄板，或在诱捕剂中添加少量的洗衣液等表面活性剂，以减少斑翅果蝇的逃逸；也可 4 月中旬放诱杀剂，即用糖醋液法（糖 1 份、酒 2 份、醋 3 份、水 4 份、敌百虫晶体少许）和甜酒粮法（甜酒粮、敌百虫晶体少许），装药用矿泉水瓶和专用容器 20 个/亩，盆 10 个/亩，高度 1～1.5m。

（3）药剂防治　在果实近成熟时喷施 6%乙基多杀菌素悬浮剂 1500～2500 倍液，0.5%藜芦碱可溶液剂 1000 倍液，使用中注意严格按照安全间隔期用药。也可在幼虫盛发期的第 1、2 代（4 月下旬至 5 月初）和越冬代成虫、蛹（12 月中下旬）用 1%苦参碱可溶液剂＋果蔬钙 1000 倍液喷施。也可用植物精油进行防治，例如葡萄柚精油、欧薄荷精油、杜松精油、柠檬草精油、尤加利精油和没药精油对蓝莓雌果蝇有明显驱避效果，平均驱避效果分别为 93.3%、85.6%、84.4%、83.3%、83.3%、83.3%，葡萄柚精油与其他精油间具有显著性差异。罗勒精油、茴香精油、百里香精油等对蓝莓雌果蝇有明显引诱效果，引诱效果在 70%以上，其中罗勒精油对雌果蝇引诱性最强，引诱效果为 76.7%。

（三）金龟子

金龟子是鞘翅目金龟子总科成虫的总称，为害植物的叶、花和果实，造成植物生长势减弱和减产，是一类国内外公认的较难防治的土栖性害虫。全世界现已记载的金龟子有 35000 多种，我国已记录 1800 多种。

1. 为害症状

成虫咬食花瓣、嫩叶、果实等，造成叶缺刻甚至食光叶片仅剩主脉叶柄。主要以幼虫危害，咬断根，典型被害症状是幼苗的根、茎处断口平截整齐。

2. 形态特征

（1）卵　长椭圆形，长约 2.5mm，宽约 1.6mm，初产乳白色。

（2）幼虫　学名蛴螬，老熟幼虫体态肥胖，长约 20mm，宽约 6mm，体白色，头红褐色，静止时体形大多弯曲呈 C 型，体背多横纹，尾部有刺毛。

（3）蛹　长约 22mm，宽约 10mm，淡黄色或杏黄色。成虫长椭圆形，背翅坚硬，体长约 20mm，宽约 10mm。羽化初期为红棕色，后逐渐变深成红褐或黑色，全身披淡蓝灰色闪光薄层粉，前胸背板侧缘中间呈锐角状外突，前缘密生黄褐色体毛。腹部圆筒形，腹面微有光泽。

（4）成虫　长椭圆形，背翅坚硬，体长约 20mm，宽约 10mm。羽化初期为红棕色，后逐渐变深成红褐或黑色，全身披淡蓝灰色闪光薄层粉，前胸背板侧缘中间呈锐角状外突，前缘密生黄褐色体毛。腹部圆筒形，腹面微有光泽。

3. 发生规律

一年发生 1 代，小花青金龟以成虫越冬，暗黑鳃金龟、铜绿丽金龟以幼虫越冬，4 月上旬出现，危害蓝莓叶，有 2 个高峰期，分别在 4 月末及 8 月底至 9 月初。闷热无风的天气每天下午 6～8 时危害最盛。

4. 防治措施

防治以综合防治为主，选择适合的农药和施用方法，防治成虫和幼虫相结合，把握好防治时机。

（1）农业措施　对金龟子幼虫危害严重的果园深翻晾晒，并用 23 亿～28 亿活性孢子/g 可湿性粉剂，或 50％乳油 1000 倍液全园喷施 1 次；施肥时要用腐熟农家肥，并在施用时放入绿僵菌或辛硫磷。

（2）物理措施　4 月中旬开启杀虫灯，利用黑光灯诱杀成虫。

（3）人工捕杀　利用成虫的假死性，在发生严重的果园，5～6 月每天下午 6～8 时放 1 张油布在蓝莓树下，在其停落的蓝莓树上捕捉或震落捕杀。

（4）药剂措施　采果完毕后，即 8 月中下旬用 23 亿～28 亿活性孢子/g 可湿性粉剂 500 倍液对被害果树灌根，再用苏云金杆菌乳剂全园喷施 1 次。

第七章

蓝莓的采收与贮藏

　　蓝莓果实贮藏效果的好坏，不仅受采收和采后处理，如选果、洗果、包装、贮藏和运输等条件的影响，同时也受采前因素，如品种特性、栽培环境和栽培措施等的影响。

一、果实成熟的标志

　　果实成熟最显著的特征是小浆果着色。果表面由最初的青绿色，逐渐变为红色，再转变成蓝紫色，最后为紫黑色。果实变色一般是从受光面开始，逐渐发展到背光面，直至整个果实变成深紫色。果实一般在转变成蓝紫色后 3～6 天达到完全成熟。在果实成熟过程中，其内含物发生快速转化，果实进入着色期后（蓝紫色），花青素（主要存在于果皮中）的含量急剧增加，含糖量也增加，含酸量减少，维生素 C 的含量增加，到果实完全成熟时达到最高值，果实变软，同时散发出特有的香味。这些成分会随着时间的延长（熟后）又逐渐下降。果实过熟就会变得太软并落果。很多品种果实完全成熟后，果实表面会有一层白粉。巴林格提出的果实成熟标准为：①果汁 pH 3.25～4.25；②总酸（以柠檬酸计）0.3%～1.3%；③可溶性固形物不低于 10%；④固酸比 10～13；⑤果实硬度为 $7g/0.01cm^2$ 或可抵抗 170～180rad/s 的振动频率；⑥果实直径大于 10mm；⑦果色浅蓝色。不符合上述标准者为不成熟果或过熟果。

二、采收

贮藏期间果实的损失除了通过蒂痕真菌感染引起腐烂外，还有部分是由于过熟或擦伤引起的损失。兔眼蓝莓一般在花后 70 天开始成熟，整个果熟期一般需要 40～45 天。不同品种间果熟期差异较大，长的可达 60 天，而短的为 20 多天。果实的采收成熟度因用途、运输及其他因素而定。供鲜食、运输距离短且贮藏条件好的，宜在果实基本完全成熟（成熟度应在九成以上）时采收；如运输距离远，又没有冷藏条件，果实成熟度在八成左右即可采收；果实用于加工饮料、果酱、果酒、果冻等，要求在充分成熟后采收，这样果实含糖量高，香味浓，果汁也多，容易加工；供制作果实罐头产品时，则要求果实大小基本一致，于八成熟时采收；若作为贮藏用的果实，则要在果实充分成熟前的 2～3 天采收。

由于蓝莓花序中开花次序有先有后，供给各部分果实的养分也不尽相同，果实的成熟期不一致，因此，采收需分次进行。果实在一枚果穗上成熟的次序没有规律，相对来说，成熟晚的果穗上的果实成熟期相对集中。盛果期 2～3 天采收 1 次，初果期和末果期一般 4～6 天采收 1 次，整个成熟期需采收 8～10 次。每次采收时，必须将适度成熟的果实全部采收干净，以免延至下一次采收时由于过度成熟而造成腐烂或落果，这样既浪费产品，造成经济损失，也容易引发病虫害。采收应在早晨至中午高温未到以前，或在傍晚气温下降以后。晒热后的果实、带露水的果实、下雨天采摘的带雨水的果实都易引起腐烂，因此，不宜在上述情况下采收。

由于矮丛蓝莓先成熟的果实可以一直挂在树上不落果，所以可以等后成熟的果实达到成熟后集中采收。手工采收是用特制的耙子梳过植株，使果实落到耙子上，再倒入桶中，然后迅速送到工厂速冻。耙子的宽度为 20～40cm，最常用的是 26.67cm（40 枚齿）的耙子。在采收前可以先在树间整理出 1m 宽的带，以便于人工操作。现在规模化栽培的没有杂草的田块，已经能够进行机械采收。但野生的矮丛蓝莓由于树间布满杂草、石块等原因，不利于机械采收。

蓝莓由于果皮薄，果汁多，稍有不慎均易造成损伤，所以采收时必须小心操作，注意轻摘、轻拿、轻放，不要硬揪硬拉，以免伤害整个果穗，造成未成熟果被采摘或脱落。更不要损伤果实，以免影响果实质量和产量。对病果、虫果、畸形果应单收单放，并统一清理出园进行处理，避免有关病虫害的扩大传播。

蓝莓的成熟期虽不一致，但也有相对集中成熟的时间段。在欧美蓝莓产区，因劳动力价格昂贵，人工采收较困难，因此多采用机械采收。机械采收的种植地一般只采收1次，采收时间在果实成熟的盛果末期进行（70%～80%果实成熟）。采收过程中，通过机械风选、过筛、水选、风干等工序，可以收到干净、整齐的果实，然后根据需要进行加工、销售或贮藏。机械采收在产量上有一定的损失，但可节省大量人工，对蓝莓大面积发展非常有利。

三、果实采后的分级处理

果实采收后，经过初级机械分级后仍含有石块、叶片以及未成熟、挤伤、压伤的果实，需要进一步分级。果实采收后根据其成熟度、大小等进行分级。高丛蓝莓分级的标准同巴林格提出的果实成熟标准。实际操作中，主要依据果实硬度、密度及折光度进行分级。

根据密度分级是最常用的方法。一种方式是用气流分离。蓝莓果实通过气流时，小枝、叶片、灰尘等密度小的物体被吹走，而成熟果实及密度较大的物体留下来进行再分级，进一步的分级一般由人工完成。另一种方式是采用水流分级。水流分级效果较好，但缺点是果粉损失，影响外观品质。

四、果实采后的预冷处理

刚采收的蓝莓温度较高，呼吸强度大，且果实自身不断产生热量，加之果实的水分不断蒸发散失，其新鲜度会很快降低。因此，田间采回的鲜果要进行预冷处理，以降低果实的代谢活动，保持新鲜。果实

从田间采回后，及时冷却到 10℃ 可以大大减少采后损耗和提高贮藏及
货架寿命；若采后立即降温到 2℃，损失还可以减少。国外有的产区，
果实采收后直接放入 2℃ 的冷藏运输车，对果实保鲜十分有利。果实运
回的预冷方法有通风冷却、水冷却以及真空冷却等。真空冷却是在真
空状态下蒸发水分带走潜热，可以在 20～30min 内使果品温度从 25℃
降至 3～5℃，因此，此法的效果最好，但设备要求高。水冷却的速度
也较快，但冷却后浆果表面的水分不易沥干，对贮藏影响较大。因此，
大规模生产中通风冷却的方法较适用。通风冷却也要采用专门的快速
冷却装置，通过空气高速循环，使产品温度快速冷却下来。对于蓝莓，
一般在 1～2h 内就可降低到 1～2℃。另一种替代快速预冷的方法是在
包装前冷却到 18～20℃，也能取得同样的效果，这有可能是因为 18℃
有利于果蒂痕的干燥。

国外还制造出了一种适合小规模生产的命名为"冷运输"（cool
and ship）的预冷装置，用以替代通风冷却设备。该设备是一套可以携
带的、易于安装和拆卸的、最少可装 454kg 果实的绝缘箱子。这套设
备能在 2～3h 内使温度降下来，并能在之后的 3h 内保持在合适的温
度。该设备相对较便宜，在短距离运输时也可不用冷藏车。

五、果实包装与运输

适当的包装和运输是蓝莓生产中保证质量的重要环节。采收蓝莓
时所用的容器，可以用浅一些的透气的筐篓、纸箱、果盘等，最好不
用深的不透气的塑料桶。鲜销鲜食的果实，宜选用有透气孔的聚苯乙
烯盒。盒的大小可以有多个规格，大的每盒装果不超过 1000g，小的
100g 左右。这些塑料盒可以放在浅的周转箱中运往各销售点出售，
也可按一定规格做成纸箱（纸箱的高度最好不要超过 20cm，以两
层为度）。将装好盒的鲜果一层层（一般为两层）码好运往各销售
点。加工用的果实，可以用大的透气的塑料筐或浅的周转箱、果盆
等直接包装，再运输至加工厂。从采收地到加工厂或销售点，最好
不倒箱，以减少破损或伤果。鲜食用蓝莓最好直接采放在出售容器
中，然后放在运输的箱子中，当天直接运走。当然，这对采摘工的

要求较高。美国蓝莓主产区多设有蓝莓生产者协会的销售品牌，对产品的品质和分级包装都有统一标准。如密歇根州蓝莓生产协会的蓝莓产品为大湖牌，产品的等级分为 6L（净重不少于 4.5kg）板条箱、7.6L（净重不少于 5.7kg）板条箱和 4.7L（净重不少于 4.1kg）纸板箱三种。

对于运输工具，有条件的应采用冷藏车；如无冷藏车而用其他车辆运输，则在途中要防止日晒，应在清晨或夜间气温较低时运输。在行车过程中应尽量减少颠簸，在较好的公路上行车，车速控制在 40km/h；在砂石路或农村土路上，因路面多坑洼不平，车速应降至 5～10km/h。长距离运输果实，最好用冷藏车，同时采收的果实成熟度不能高，要考虑早收，以减少运输损失。

在果实的采收、运输过程中，一定要以小包装、多层次、留空隙、不挤压、避高温、少颠簸为原则，确保果实的品质，最大限度地减少损失。

六、果品的耐贮性

一般来说，糖酸比低、坚实、蒂痕小而干、果皮厚的品种耐贮性好。由于兔眼蓝莓的果蒂痕比高丛蓝莓小而干，相对较耐贮运。在兔眼蓝莓中，芭尔德温、波尼塔、灿烂、布蓝、精华、巨丰等品种的耐贮性比梯芙蓝、杰兔、比基蓝相对好。南高丛蓝莓中夏普蓝采后易变软，耐贮性较差，只适合当地供应和自采果园。蓝莓鲜果中含有多种营养成分，其果实有特殊香气，含糖量较高，糖酸比适宜，非常适于鲜食。

多数品种的果实成熟期在盛夏，而且鲜果含糖量高，较柔软，耐贮性差，一般采收后应及时上市销售或运往加工厂加工。在常温条件下，蓝莓的存放保质期只有 3～5 天，为了延长贮藏期和供应时间，需要采用冷藏法贮藏。其根据需要可以分为低温贮藏法、气调贮藏法和速冻贮藏法。

七、低温贮藏法

（一）低温贮藏法的目的

　　食品在低温条件下贮藏可以防止或减缓变质。其原因主要有三个方面：

　　① 在低温下可抑制微生物生长和繁殖。通常在 10℃ 以下大多数微生物便难以繁殖，－10℃ 下几乎不再发育。

　　② 在低温下食品内原有酶的活性大大降低。大多数酶活性的适宜温度为 30～40℃。一般来说，如将温度维持在 18℃ 以下，酶的活性将受到很大程度的限制，从而延缓了食品的变质和腐败。

　　③ 在低温下水变成冰，水的活度降低，食品的保水能力大大增强。低温贮藏一般有冷冻和冷藏两种方法。蓝莓鲜果用冷藏方法，而加工用果可采用冷冻方法。

（二）蓝莓的冷藏

　　刚采收的蓝莓大量进入冷库低温贮藏前，要进行适当的预冷，使果实温度降低。蓝莓在贮藏过程中，仍旧有生理呼吸作用，在呼吸过程中消耗糖分等碳水化合物而产生热量和二氧化碳，呼吸热反过来又提高了温度而促使呼吸作用加强，因此保存期间要不断除去呼吸热。在低温保存过程中，要控制湿度，湿度高可以抑制水分的散失，有利于保持蓝莓的品质。虽然高湿度容易引起微生物繁殖，但蓝莓低温贮藏期间相对湿度应以保持在 95％ 为宜。实验表明，蓝莓鲜果在温度 1～2℃ 和相对湿度 95％ 的条件下，贮藏 30 天仍能保持较高的新鲜度。

（三）蓝莓的冷冻贮藏

　　加工用的蓝莓，因采收集中，短时间内不能及时加工成产品，或者需要长时间贮藏起来，然后根据市场、客户的需要再决定加工成什么样的商品，或者需要远距离运输（如出口），一般的冷藏不能保证产品品质，因此需要冷冻贮藏起来。冷冻贮藏蓝莓解冻后不适宜再清选、去杂，因此，采收后必须做好蓝莓的清选、漂洗工作，然后晾干（晾10min 左右），装入食品周转箱，或按要求定量装入容器中，放于冷库中冷冻。冷冻贮藏时间在 6～18 个月内，贮藏温度应在 -18℃以下。

八、气调贮藏法

（一）气调贮藏类型

根据澳大利亚科学家研究，只有需要贮藏 6 周以上时才使用气调设施贮藏。气调贮藏可分为薄膜封闭气调法、气调冷藏库贮藏法和减压贮藏法。

薄膜封闭气调法具有灵活、方便、成本低等优点。大批量的蓝莓长期贮藏宜用气调冷藏库。减压贮藏也称低压贮藏或真空贮藏，是在气调贮藏的基础上发展而来的。减压贮藏是将果品保藏在低压（或低于大气压）低温的环境下，并不断补给饱和湿度空气，以延长蓝莓保藏期限的一种气调保藏法。减压贮藏可使蓝莓的保藏期比常规冷藏延长几倍。

（二）气调贮藏的条件要求

刚采收的果实应立即做好预冷、清选、漂洗、风干和包装工作。此项工作要求采收当天完成。刚采摘的果实，其中含有很多枝梗、树叶、生果等杂物，其表面也含有大量灰尘和病菌等，通过清选、漂洗，清除了杂物、灰层，还去除了大部分细菌，同时可进行分级，然后根据需要，按要求包装起来进行贮藏。

蓝莓为非呼吸跃变型果品，能耐高浓度二氧化碳，同时乙烯对果品的作用也不是很明显。在氧和二氧化碳浓度均为 10% 时；或氧浓度为 2%～4%，二氧化碳浓度为 3%～10%、15% 和 20% 时，在 1℃温度下贮藏效果较好。目前国外推荐气调贮藏温度为 1～2℃，二氧化碳浓度为 10%～15%，氧浓度不低于 3%～4%，相对湿度为 95%。蓝莓呼吸作用强度较大，薄膜封闭气调法应选用透气性好一些的薄膜。一般国外用 0.1～0.15mm 的聚乙烯膜包装。

九、速冻贮藏法

蓝莓果速冻后，可以长时间保持其原有的风味和品质，既有利于长期贮藏，又有利于远运外销，提高经济效益。近几年，蓝莓及其加工产品风靡欧美，且需求量极大。在冷冻贮藏方面由以单体速冻（individual quick freezing，IQF）最为流行。这种冷冻法有成套操作流水线，要求果实在短时间内中心温度降低到－20℃，以保证果实质量。通过单体速冻将我国大面积种植的蓝莓出口至欧美、日本以及东南亚等地，将是今后几年我国蓝莓产品销售的重要途径之一。

（一）速冻保鲜的原理

近年来国际市场对速冻保藏浆果的需求日益增加。速冻就是利用－40～－35℃或－60℃的低温，使浆果在 12～15min 内迅速冻结，从而达到冷冻保鲜的目的。速冻保藏可以很好地保持浆果原有的色、香、味和组织结构。速冻保鲜的原理是：快速冻结，使浆果细胞内形成小冰晶，而小冰晶在细胞内和细胞间隙中均匀分布，细胞并不受损伤或破坏，使细胞保持完好；浆果的汁液形成冰晶后，遏制了浆果内各种酶的活动，从而防止了浆果果实的旺盛呼吸消耗和腐烂，达到长期贮藏的效果。贮藏温度一般为－18℃，贮藏 6 个月以上需要－34℃的贮藏温度。

（二）速冻对浆果的要求

速冻贮藏要求选用果实完整无损伤，无病虫害，果实成熟度九到十成，不过熟，无杂质。未成熟果速冻后淡而无味；过熟的果实在操作过程中易造成损伤，速冻后风味变淡，果实不完整，质量下降。速冻必须保持果实的新鲜度，应当天采摘的当天就速冻完。如当天处理不完，应把果实放在 0～5℃ 的冷库中暂时保存。

（三）速冻果常规生产工艺

1. 工艺流程

验收→洗果→消毒→淋洗→选剔→水洗→控水＋称重→速冻→包装→密封→装箱→冷藏。

2. 操作要点

（1）验收 按照对速冻原料的要求进行验收。重点检查品种是否纯正，浆果大小及成熟度是否合乎标准要求。

（2）洗果 把浆果置于有出水口的水池中，用流动的清水洗果，并用圆木棒（或长柄漏勺）轻轻搅动。最好在槽底通入气管，用气泵往水里打气，将水翻动，除去杂质，将原料清洗干净。

（3）消毒、淋洗 用 0.05％ 的高锰酸钾水溶液或双氧水浸洗 5min，然后用清水淋洗干净。

（4）选剔、水洗 将不符合标准的浆果进一步剔除，并除去残留的果柄、树叶等杂物，然后再用清水冲洗。

（5）控水 最后一次清洗后，将蓝莓滤控 10min 左右，控去多余的水分。若要求冻品呈粒状、用于生食，控水时间要长一些；若要求冻成块状，控水时间可略短一些。

（6）称重 作为加工原料的速冻蓝莓要求冻后呈块状，而生食用的果实要求冻后呈粒。根据需求，在一定大小的金属盘中装入浆果。为防止在解冻时出现短缺分量现象，可按 2％～3％ 加"让水"，以保证产品数量。

（7）速冻 包装后，立即送入速冻间，温度宜保持在 -35℃ 或更低。在速冻装置中冻置 15～20min。

（8）包装、密封、装箱、冷藏 将速冻后的蓝莓拿到冷却间。要求呈块状的，则将整块倒出装入备好的塑料袋中；要求呈粒状的，可将个别结成小块的果实分开。然后根据包装大小再次称重，装入塑料袋，用封口机密封，再装入硬纸箱，立即移入贮藏间保存，湿度要求100%。在冷却间操作，必须做到每次少取，操作迅速，每次装好后立即送贮藏间，以免影响冻结效果。速冻蓝莓可贮藏 18 个月并随时鲜销。

十、简易速冻法

我国 1989 年开始采集东北野生蓝莓生产速冻果，当年出口 5t。由于无流化床和－40～－35℃速冻条件，有的生产厂商采取了简易速冻法，其工序如下。

将果实清理后，在－20～－15℃冷库中将果实平铺于置于地面的塑料薄膜上冻结，厚度为 5～10cm。4h 后，果实外层开始冻结时翻动 1 次，可避免结块。约 24h 可完成冻结过程。若搭架铺板摊果，则一批可处理较多果实，但冻结过程要再延长 4h 以上。如能装置大功率风扇吹风，冻结速度可以加快，还可以提高速冻果的质量。速冻果用纸箱包装，每箱 12kg。可短期贮藏在－9℃以下的冷库中，然后于－18℃温度条件下运输。这种办法只是适合于当时条件下保藏的方法，产品质量低，且有些环节很难保证符合食品操作要求。

十一、现代流水线速冻生产工艺

现代洗果选果设备把以上一系列的过程都连在一起完成，形成半自动化流水线。只需人工加料，即把果实加到流水线上，在机械自动剔除不成熟的果实和枝、叶等杂物后，再人工手选剔除不合格果，最后包装入库冷冻。这种流程生产出的是一个容器内结块冻结的果实。

（一）冻果的运输和解冻

速冻蓝莓的运输必须用冷藏车厢或冷藏船，不能让冻果在出售前融化。冻果需在食用前解冻，其方法是：将冻果放入容器内，将容器放入温水中慢慢解冻。解冻后应立即食用，不可解冻后重新冷冻或解冻后长时间放置。也可用微波炉瞬时融化浆果，融化后立即食用。

（二）冻藏果实"砂砾化"（或木质化）问题

兔眼蓝莓在长期冻藏中存在的最大问题是砂砾化。砂砾化是指果实在贮藏期间，果皮和皮下不断形成堆积石细胞和木质化。这种颗粒形成后，果实失去风味，即使加工成果馅，也不会融化，严重影响冻藏果实品质和市场价格。果实在0℃温度下贮藏6个月会发生砂砾化或木质化。贮藏温度越低，果实砂砾化程度越慢。

用羧甲基纤维素（CMC）喷果，贮藏在−34℃温度下的果实，21个月后产品仍符合质量指标，即果实失重少，解冻后果色保持好，硬度高，果肉色泽几乎是鲜果样的乳白色，许多指标都与鲜果相差不多。

随着人们生活质量的提高，果蔬的保鲜越来越受重视。近年来，对果蔬保鲜技术的研究也日益增多，特别是辐照技术、高压电场技术、电子冷藏技术等新型、简捷的技术也逐渐开始被应用在果蔬保鲜领域。

参考文献

[1] 陈光辉，尹弯，李勤，等.双斑长跗萤叶甲研究进展 [J].中国植保导刊，2016，36（10）：19-26.

[2] 陈雅彬.不同根际 pH 处理下蓝莓根系转录组及氮、铁代谢相关其因表达分析 [D].金华：浙江师范大学，2015.

[3] 陈哲.植物精油对蓝莓果蝇的驱避及毒杀效果研究 [D].贵阳：贵州大学，2017.

[4] 董克锋，岳清华，高勇，等.蓝莓拟茎点霉枝枯病药剂防治试验 [J].中国森林病虫，2015，34（6）：44-46.

[5] 窦连登，张红军，黄国辉，等.辽宁蓝莓病害的发生调查 [J].中国果树，2009，（2）：64-65.

[6] 傅俊范，彭超，严雪瑞，等.蓝莓根癌病发生调查及病原鉴定 [J].吉林农业大学学报，2011，33（3）：283-286，292.

[7] 傅俊范，严雪瑞，李亚东.小浆果病虫害防治原色图谱 [M].北京：中国农业出版社，2010.

[8] 郭洁，张艺馨，周锐，等.几种杀虫剂对斑翅果蝇室内毒力测定 [J].植物检疫，2017，31（1）：51-53.

[9] 胡雅馨，李京，惠伯棣.蓝莓果实中主要营养及花青素成分的研究 [J].食品科学，2006，27（10）：600-603.

[10] 华星，侯智霞，苏淑钗.蓝莓果实关键品质的形成特性 [J].经济林研究，2012，30（1）：108-113.

[11] 黄国辉，姚平，张红军.南美洲蓝莓生产概况 [J].中国果树，2008，（4）：75-76.

[12] 黄国辉，姚平，赵凤军，等.越橘越冬伤害机理的初步研究 [J].东北农业大学学报，2012，43（10）：45-49.

[13] 黄国辉，姚平.蓝莓组培苗瓶外生根的研究 [J].江苏农业科学，2011，（4）：227-228.

[14] 黄国辉.蓝莓园生产与经营致富一本通 [M].北京：中国农业出版社，2018.

[15] 黄国辉.美国密歇根州蓝莓品种资源 [J].中国种业，2008，（1）：85-87.

[16] 黄国辉.我国蓝莓生产存在的主要问题及解决对策 [J].北方园艺，2008，（3）：120-121.

[17] 黄胜先，秦晓胶，谌金吾，等.黔东南地区蓝莓病虫害绿色防治技术 [J].现代农业科技，2017，（10）：123-125.

[18] 纪前羽，刘星剑，刘爱兵，等.糠醛渣替代硫磺调节土壤 pH 值及其对蓝莓生长发育的影响 [J].中国南方果树，2013，42（2）：15-17，21.

[19] 雷蕾，王贺新，徐国辉，等.蓝莓新品种'森茂二号'[J].园艺学报，2019，46（S2）：2755-2756.

[20] 李孟华，陈海宁，张新梅.蓝莓炭疽病的发生与防治 [J].江西农业，2019，（20）：20-21.

[21] 李琪，於虹，王支虎，等.醋糟对土壤改良及兔眼蓝浆果幼苗生长的影响 [J].植物资源与环境学报，2017，26（4）：25-31.

[22] 李群博.越橘园节肢动物群落结构与功能的初步研究 [D].长春：吉林农业大学，2006.

[23] 李亚东，刘海广，唐雪东.蓝莓栽培图解手册 [M].北京：中国农业出版社，2014.

[24] 李亚东，裴嘉博，孙海悦.全球蓝莓产业发展现状及展望 [J].吉林农业大学学报，2018，40（4）：421-432.

[25] 李照会.园艺植物昆虫学 [M].第 2 版.北京：中国农业出版社，2011.

[26]　刘佩旋，刘成，徐晓蕊，等.一种危险性有害生物——斑翅果蝇研究现状 [J].中国植保导刊，2017，37（5）：5-11.

[27]　刘佩旋，郑雅楠，辛蓓.斑翅果蝇综合防治研究进展 [J].中国果树，2016，（4）：61-66.

[28]　刘佩旋.辽宁省部分地区斑翅果蝇发生情况与繁殖力的研究 [D].沈阳：沈阳农业大学，2017.

[29]　刘庆忠，王晓芳，王甲威，等.斑翅果蝇在甜樱桃、蓝莓等果树上的发生危害与防治策略 [J].落叶果树，2014，46（6）：1-3.

[30]　刘庆忠，朱东姿，王甲威，等.世界蓝莓产业发展现状——北美篇 [J].落叶果树，2019，51（2）：4-7.

[31]　刘庆忠，朱东姿，王甲威，等.世界蓝莓产业发展现状——中国篇 [J].落叶果树，2018，50（6）：1-4.

[32]　罗全丽，梁家燕，贺海雄，等.不同诱捕器对蓝莓园斑翅果蝇的诱杀效果 [J].植物医生，2017，30（8）：43-45.

[33]　罗璇，黄国辉，姚平，等.外源丛枝菌根真菌对低温胁迫下蓝莓幼苗抗氧化系统的影响 [J].江苏农业学报，2017，33（4）：909-913.

[34]　罗璇，黄国辉.辽东地区蓝莓根际土壤线虫的营养类群结构 [J].果树学报，2015，32（2）：281-284.

[35]　罗璇，姚平，黄国辉.不同栽培方式对蓝莓根围土壤线虫群落组成及多样性的影响 [J].果树学报，2016，33（10）：385-392.

[36]　马栋.有机基质槽式栽培对番茄生长发育及生理特性的影响 [D].泰安：山东农业大学，2009.

[37]　彭恒辰，王贺新，徐国辉，等.蓝莓新品种'森茂三号' [J].园艺学报，2019，46（S2）：2757-2758.

[38]　任艳玲，田虹，王涛，等.出口蓝莓基地病虫害调查初报 [J].浙江农业学报，2016，（6）：1025-1029.

[39]　孙林，杨丰.麻江县有机蓝莓的病虫害防控技术 [J].农技服务，2019，36（9）：78-80.

[40]　孙敏.固形有机基质理化特性及其与营养液相互作用 [D].哈尔滨：东北农业大学，2003.

[41]　孙耀武，黄春红，刘玲.灰斑古毒蛾生物学特性及防治试验研究 [J].现代农业科技，2008，（4）：73-75.

[42]　谭钺，魏海荣，王甲威，等.蓝莓的越冬防寒技术 [J].落叶果树，2014，46（6）：51-52.

[43]　万合锋，黄振兴，武玉祥，等.农业废弃物调查并结合蓝莓种植浅析其利用价值 [J].环境科学导刊，2019，38（2）：70-74.

[44]　王世平，张才喜，罗菊花，等.果树根域限制栽培研究进展 [J].果树学报，2002，19（5）：298-301.

[45]　王小敏，吴文龙，闾连飞，等.蓝莓新品种'寨选4号' [J].南京林业大学学报（自然科学版），2020，44（3）：225-226.

[46]　王艳，王莹，刘兵，等.蓝莓的生理生态学研究进展 [J].吉林师范大学学报（自然科学版），2015，（2）：122-124.

[47]　尉吉乾，王道泽，张莉丽，等.不同诱杀方法防治蓝莓金龟子的效果研究 [J].中国南方果树，2013，42（5）：98-101.

[48]　文朝林.蓝莓病虫害非化学农药防治措施探究 [J].南方农业，2020，14（14）：35-36.

[49]　杨海燕，吴文龙，闾连飞，等.蓝莓新品种'寨选7号' [J].南京林业大学学报（自然科学版），2020，44（3）：227-228.

[50]　杨芩，曹锡波，张婷婷，等.木醋对蓝莓土壤pH值和主要营养成分的影响 [J].中国南方果树，2018，（4）：88-91.

[51] 杨芩，陈磊，张婷淳，等.花龄对'灿烂'兔眼蓝莓花粉原位萌发和花粉管生长的影响 [J].北方园艺，2018，(9)：57-61.

[52] 杨芩.蓝莓无公害高效栽培技术 [M].成都：电子科技大学出版社，2019.

[53] 杨芩，李性苑，付燕，等.不同修剪方法对蓝莓新梢生长和枝量形成的影响 [J].北方园艺，2015，(17)：4-7.

[54] 杨芩，李性苑，秦绍钊，等.结果枝类型对兔眼蓝莓着果率和果实品质的影响 [J].中国南方果树.2015，44 (3)：133-135，138.

[55] 杨芩，李性苑，田鑫，等.花粉直感对"杰兔"兔眼蓝莓着果率和果实品质的影响 [J].中国南方果树.2015，44 (4)：70-72.

[56] 杨芩，李性苑，田鑫，等.'粉蓝'兔眼蓝莓适宜授粉品种的筛选 [J].北方园艺，2015，(6)：5-7.

[57] 杨芩，廖优江，任永权，等.5 个兔眼蓝莓品种的花粉量和花粉活力测定 [J].贵州农业科学，2013，(3)：4-6.

[58] 杨芩，任永权，李性苑，等.兔眼蓝莓花冠形态特征对坐果率和果实性状的影响 [J].中国南方果树，2014，43 (3)：43-46.

[59] 杨芩，任永权，廖优江，等.花龄对蓝莓柱头可授性及花粉活力的影响 [J].中国南方果树，2012，41 (5)：25-27.

[60] 杨芩，任永权，廖优江，等.五个兔眼蓝莓品种有效可授期研究 [J].北方园艺，2013，(14)：5-7.

[61] 杨芩，唐露，李性苑，等.阴雨对蓝莓花粉活力和柱头可授性的影响 [J].北方园艺，2015，(3)：47-49.

[62] 杨芩，万兴权，李东平，等.温度对"杰兔"兔眼蓝莓花粉活力及柱头可授性的影响 [J].北方园艺，2017，(14)：39-43.

[63] 杨芩，王兴艳，李性苑，等."蒂芙蓝"等 4 个兔眼蓝莓品种物候期与枝芽特性研究 [J].中国南方果树.2015，44 (5)：44-47.

[64] 杨芩，杨怡，张婷淳，等.GA$_3$ 对蓝莓花期和生殖能力的影响研究 [J].中国南方果树，2019，48 (3)：124-127.

[65] 杨芩，张建兰，张婷淳，等.不同授粉品种对"灿烂"兔眼蓝莓着果率与果实性状的影响 [J].中国南方果树，2017，(6)：93-95，99.

[66] 杨士吉，李维.蓝莓栽培技术 [M].昆明：云南科技出版社，2015.

[67] 杨玉春，魏鑫，孙斌，等.蓝莓不同品种低温需冷量研究分析 [J].农业科技通讯，2020，(1)：178-181.

[68] 杨玉春，魏永祥，孙斌.蓝莓生理特性及需冷量研究进展 [J].浙江农业科学，2012，(3)：42-46.

[69] 姚平，周文杰，黄国辉，等.温度对 5 个蓝莓品种花粉发芽率及着果率的影响 [J].中国南方果树，2017，46 (1)：114-117.

[70] 叶婵.蓝莓根腐病的生物防治技术研究 [D].贵阳：贵州大学，2018.

[71] 於虹.蓝莓高产栽培整形与修剪 [M].北京：化学工业出版社，2016.

[72] 岳清华，赵洪海，梁晨，等.蓝莓拟茎点枝枯病的病原 [J].菌物学报，2013，32 (6)：959-966.

[73] 张东升.蓝莓丰产栽培实用技术 [M].北京：中国林业出版社，2011.

[74] 张国辉，李性苑，杨芩，等.麻江县蓝莓重要病虫害的种类调查和病原鉴定 [J].浙江农业科学，2016，57（3）：372-375.

[75] 张国辉，刘德波，宋盛英，等.黔东南州蓝莓叶部病害的种类调查和病原鉴定 [J].中国森林病虫，2017，36（2）：42-46.

[76] 张国辉，杨芩，李性苑，等.麻江县蓝莓枝枯病和果腐病病原鉴定及害虫调查 [J].中国植保导刊，2016，36（5）：12-15，82.

[77] 张开春，闫国华，郭晓军，等.斑翅果蝇（*Drosophila suzukii*）研究现状 [J].果树学报，2014，31（4）：717-721，750.

[78] 张晓玉，李树海，胡忠惠，等.不同限根方式对蓝莓生长及果实品质的影响 [J].北方园艺，2019，（20）：56-60.

[79] 张悦，周琳，张会慧，等.低温胁迫对蓝莓枝条呼吸作用及生理生化指标的影响 [J].经济林研究，2016，34（2）：12-18.

[80] 郑炳松，张启香，程龙军.蓝莓栽培实用技术 [M].杭州：浙江大学出版社，2013.

[81] 周晓梅，汤珍妮，白鹤，等.土壤环境对蓝莓植株生长发育的研究现状与展望 [J].吉林师范大学学报（自然科学版），2019，40（1）：100-105.

[82] 朱玉，黄磊，党承华，等.高温对蓝莓叶片气孔特征和气体交换参数的影响 [J].农业工程学报，2016，32（1）：218-225.